# 農の書置き

## ～一普及指導員の活動記録～

畠 山 修 一 著

東京図書出版

1960年代、最貧県だった中国河南省蘭考県で水害・風害・塩害の三害に挑み、42歳の若さで逝った県書記・焦裕禄の木版画（作・畠山修一）

# はじめに

１９８５年３月、私は高知大学農学部（現・農林海洋科学部）を卒業し、埼玉県農林部に奉職した。最初の赴任地は川越農業改良普及所だった。

当時の埼玉県ではまだ、米麦二毛作が盛んで、米５００kg、小麦５００kg、併せて10ａあたり１ｔ穫り、というのが目標だった。

小麦の収穫は６月の中旬、時には下旬にずれ込むこともあった。水稲の田植え晩限は６月28日と言われていたため、小麦の収穫から水稲の田植えまでの期間が十分とれなかった。小麦の生産者は、収穫後、一斉に麦わらに火を放つ。その後に、大急ぎで田植えをした。

しかしこれが社会問題となっていた。麦わらを燃やした時に出る煙が、国道を走る車の視界を遮り、大事故を招く要因になりかねなかったのだ。かといって、収穫後、麦わらをほ場の外に持ち出してなどいたら、田植えが間に合わない。

農業改良普及所では、麦わらすき込みを効率よく行う技術を、メーカーと現地試験していた。即ち、通常のロータリの後ろに逆転ロータリをとりつけ、麦わらをきれいに土壌中にすき込んでいくという技術だ。

あわせて、初期生育を促進し、有効茎を早く確保するために、側条施肥田植機による田植えも実施した。

社会問題の解決に技術で挑む――卒業したての私には、この仕事がとても魅力的に思えた。「麦わらをすき込みましょう」というパンフレットを作らせてもらえたことが、たまらなく嬉しかった。

あれから30年以上の時が過ぎ、減反政策やうまい米づくりの波に押されて、米麦二毛作は姿を消していき、私たちが取り組んでいた技術も、今では用なしとなってしまった。

水田農業確立対策の名のもとに、減反政策の推進にせっせと汗を流すのも私たちの仕事だった。そのための手法として、加算金制度に取り組めるよう地域誘導を図った。埼玉県では、3haないし1ha（県特認）の転作団地を1000カ所作ろうという目標が打ち出された。

私が担当したのは、水害の多い湿田地帯で、転作団地はおろか、米の収量さえままならない地域だった。それでもある集落で、機械を共同利用しながら小麦を栽培している集団のリーダーと話し合い、1ha規模ではあるが小麦の転作団地を作る方向で話がまとまっていった。

いざ、小麦の播種時期を迎えた時、団地ができないという知らせをもらった。オペレータの1人が胃の手術をして、トラクタに乗るどころではない、農業を続けられるかどうか……というのだ。

結局、この地域に転作団地は生まれなかった。その代わり、牛の飼料となるホールクロップサイレージ用稲を栽培し、他地域の酪農組合へ広域流通させるという事業を導入した。

事業要件は5ha以上だったが、まとまったのは4・4ha。あと0・6haがどうしても足りなかった。農協の職員と、何も作付けをしない保全管理水田のお宅を巡回し、説明し、同意を取り付けた。2人で代掻きをし、試験場にお願いして、カルパーコーティングしてもらった種子を直播し、なんとか残りの0・6haをカバーした。

当然、播種時期の遅いこの0・6ha分は、事業要件に貢献したものの、広域流通にはいたらなかった。

秋も深まった頃、田んぼでカラカラに乾いたまま突っ立っている0・6haの水稲に火をつけた。アッと言う間に灰になった。

それから30年の時を経て、2018年、減反政策は終了した。

２０１１年７月、学生時代に師事した前田和美先生の著作『落花生』が法政大学出版局から発刊された。

早速、手にした。そして感動した。

インドにおけるダイズの普及にまつわる話が綴られていた。これは学生時代、先生の授業で聞き、感銘を受けた話の後日談だ。

インドでは世界の食用マメ類のほとんどが栽培されており、においが好まれなかったダイズの普及には、否定的な意見が多かった。しかし先生が訪ねたアンドーラ・プラデシュ州立大学家政学部長のＰ・プシュパンマ教授は、ダイズのタンパク質含量が他のマメ類に比べて高いことに着目し、調理実習のテキストにダイズを採用。

「この女子学生たちが母親になり、その子供たちがダイズを食べるようになるまで教育と時間が必要です」

と、今の世代ではなく、次の世代がダイズを当たり前のように食べることを思い描いて、仕事をされていたと紹介してくださった。

先生がＰ・プシュパンマ教授にお会いしたのが１９７６年、それから約30年後のＦＡＯ（国際連合食糧農業機関）、２００４年の統計で、インドのダイズ生産量は世界第５位となっていた。

同じ30年という期間の中で、私が残せたものはなんであったろう……。そんな思いが、ペンを運ばせた。

ここに綴った数々のエピソードは、私が農業改良普及員として、はたまた普及指導員として携わった仕事の一端の記録である。

農学栄えて農業滅ぶ――学生時代、農学部の多くの教官が必ずといって良いほど、最初の授業で黒板に書いた言葉だ。そして今、私は思う。

農政栄えて農業滅ぶ――。

どうか逆であって欲しい。

農業栄えて農政滅ぶ――普及事業の本当の成果はここにあると信じてやまない。そんな私の活動記録が、次代の普及指導員の考えるヒントになれば幸いである。

# 農の書置き◇目次

# 1　きゅうりがものを言った！

農家からの問い合わせが入った。

「なんだかきゅうりの葉っぱがおかしい、見に来てくれ」

行ってみると、苦土欠のようにも思えるが、そうとも言えない、葉の表面が白く色が抜け、まだら症状を呈していた（写真1）。

「きゅうりはちゃんとなっているし、品質が悪くなったわけでもない。しかしなんだか気持ちが悪い。どうにか原因を突き止めてくれ」

ということだった。聞けば、このお宅だけでなく、仲間のきゅうりにも、結構、出ているんだとか。

写真1　まだら症状を呈したきゅうりの葉

早速、近隣のハウスをいくつか見せてもらうと、確かに、同じような症状が出ていた。ひどいものは、まるで魚の鱗を描いたように発生していた。病気ではなさそうだったが、かといって生理障害の写真を探しても、「これだ！」と思うような症状を見つけることはできなかった。

県の試験場に持ち込んで相談したが、「何かが足りないんだよなぁ……」と言ったきり、答えは出なかった。

最終的に、再度、発生葉と健全葉とを採取して、葉中の成分分析をすることになった。後日、分析結果がＦＡＸで送られてきた。そこにはこうコメントが書かれていた。

「Mg含量からは、Mg欠乏とは考えにくいと思います。他の成分も基準値から多少ズレているものもありますが、欠乏症、過剰症を引き起こすほどではないと思います」

要するに「原因不明」、それが答えだった。その時のデータが表1である。

リン（P）、カリウム（K）、カルシウム（Ca）、マグネシウム（Mg）、鉄（Fe）はなるほどコメントのとおりだ。

マンガン（Mn）は……。発生葉の値は健全葉の半分程度だが、基準値の下限とほぼ同等であり、やはりこれもコメントのとおりだ。

しかし「原因不明」で、片付けるわけにはいかない。もう一度、データと睨めっこしてみた。そして思った。

発生葉のマンガンの値は基準値の下限とほぼ同等だったとは言え、健全葉の半分しかない。もしかしたら、このせいかもしれない。もう一度、マンガン欠乏の線で、調査をしてみよう。そう決めた。

一般的にマンガンは、土壌のpHが高くなると吸収されにくくなり、pH６・５以上が欠乏症発生の目安のようだった。

そこで、発生ほ場の土壌を採取し、片っ端からpHを測定していった。

なるほど、どのハウスの土壌もpHは６・５を超えており、魚の鱗と表現した症状のハウスではpHが７・０を超えていた。

これはマンガン欠乏に間違いなさそうだ、そう確信した私は、

表１　きゅうり葉の成分分析結果

|  | P (%) | K (%) | Ca (%) | Mg (%) | Fe (ppm) | Mn (ppm) |
|---|---|---|---|---|---|---|
| 基準値 | 0.2-0.4 | 2.0-2.5 | 2.5-4.5 | 0.6-1.0 | 100-200 | 20-100 |
| 場内健全 | 0.37 | 1.1 | 9.1 | 1.23 | 292 | 169 |
| 現地健全 | 0.72 | 1.9 | 10 | 1.32 | 245 | 39 |
| 現地異常 | 0.69 | 2.4 | 9.3 | 1.30 | 315 | 18 |

土壌診断室の棚の中から「硫酸マンガン」を見つけ出し、発生農家に０・２％液の葉面散布をしてもらった。

するとどうだろう、葉のまだら症状はなくなり、健全なきゅうりの葉に戻ったではないか！

とすると今回のこのマンガン欠乏症の問題は、この地域のハウス土壌のpHが高くなっている、すなわち塩類集積による「アルカリ化」が進行していることへのシグナルということだ。

そこで、初めに「葉っぱがおかしい」と問い合わせをしてくれた生産者と相談し、ひと夏、ハウスのビニールをはずし、雨をかけ続け、pHが下がるかどうか、さらには「おかしな葉っぱ」が出なくなるかどうかを試してみた。

運が良いのか悪いのか、台風も味方し、この年の夏はハウス土壌に溜まった塩類を押し流すに十分な雨が降った。

９月、越冬作型のほ場準備にあたり、pHを測定すると、６・０近くまで値が低下していた。

そして定植後の生育を見ると、「おかしな葉っぱ」はまったく発生しなかった。

あのきゅうりの葉は、まだら症状を示すことで、地域の土づくりの現状や課題を警告してくれていたのだ。事実、pHが7・0を超えていたハウスには、その土づくりに共通点があった。それは鶏糞堆肥を長年使用してきたこと。

また、同じハウスの中でも、トラクタが方向転換するハウスの角ほど、発生程度が著しかった。塩類がたまりやすい場所だ。

たった一本の農家の問い合わせから始まり、「原因不明」でやり過ごされてしまいそうなデータの中に、地域の課題を浮き彫りにし、土づくり資材や土壌管理の在り方を見直すきっかけが埋もれていた。

こうして私は、もの言わぬきゅうりがもの言うことを知ったのだった。

## 2　今のきゅうりはピカピカに光って

きゅうりに、白い粉が吹いていたことを知らない世代が、普及指導員になる時代となった。ブルームレス台木の普及がそうさせたのだが。

白い粉の正体は、きゅうりが呼吸作用を通して排出するケイ酸を主成分とした物質、ブルームだ。しかし、流通の過程でそれが農薬と間違われ、疑われ、そして産地はブルームレスのきゅうりを生産し出荷するよう求められた。平成の初め頃の話である。

単純に、台木を変えれば済むかのように思うかも知れない。しかし当時はまだ、台木品種の数も限られていたし、①根の低温伸長性が劣る、②ケイ酸を吸収しないため病害、特にうどんこ病に弱いという欠点が指摘されていた。

その頃、私が担当していたきゅうりの産地には、前後六つの作型があった。即ち、抑制＋促成、晩期抑制＋加温半促成、越冬＋無加温半促成である。このうち、越冬作型を除く五つの作型では、ブルームレス台木がすんなりと導入されていた。というのも、温度確保が容易な一方、ブルームが出やすい作型であったためだ。促成や半促成の作型は、生育初期は低温だが、収穫最盛期ともなれば、ハウスの中は暑くて、耐えられなくなるほどだ。きゅうりもブルームで真っ白になった。

しかし越冬作型だけはブルームレス台木の導入に二の足を踏んでいた。なぜなら、収穫期が11月から2月上旬の厳寒期にあたるため、根の低温伸長性が劣る台木で、着果負担に耐えられるのか心配だったこと、また逆にこの作型は他の作型に比べて、果実のブルームがあまり目立たないため、わざわざ、台木を変える必要がないのではという考えが強かったことによる。

しかし流通サイドからは、全作型でブルームレスのきゅうりが欲しい、という要望が強く寄せられるようになった。

1992年、ようやく、越冬作型にもブルームレス台木を導入するしかないという結論に達した。そしてこの作型におけるブルームレス台木の利用について、栽培講習会を開催してほしいとの依頼が舞い込んできた。

正直、これには困った。

きゅうりの産地に赴任して丸3年、ようやくきゅうりってこんなふうに、なるものなんだと、わかりかけてきただけの私にとって、このテーマは荷が重すぎた。

早速、当時の専門技術員に相談した。

数日後、ブルームレス台木に関する文献を山のように届けてくれた。貪るように読んではみたものの、自信がなくなるばかりだった。

ひと通り読み終えて、また専門技術員に相談にのってもらった。

結論として、①根の低温伸長性が劣るため温度確保に努めること、特に最低夜温は今までより1℃高くしよう、②うどんこ病に弱くなるので、殺菌剤の予防散布を今まで以上に行おうという2点を強調することになった。

全く実感の湧かない栽培講習会を担当し、その年、初めてブルームレス台木を導入した越冬作型の成果を見届けた。

収量の多い人と少ない人の差が5t以上もあった。

多い人はやっぱり、誰もが認める「ツートップ」。台木が変わっても、ちゃんと作りこなせていた。

いったい何が違うのか……。

たまたま、5件のきゅうり生産者に経営状況アンケートをすることになり、その対象者にこの「ツートップ」が入っていた。おかげでこの2人と、収量が低かった他の3人の温度管理を比較することができた。

驚いた。

収量が低かった3人は、栽培講習会の話のとおり、最低夜温を1℃ないし2℃高くしていた。

ところが、「ツートップ」のこの2人の最低夜温は、従来台木の時と変わらぬまま、11～12℃だったのだ。そしてもっと驚いたのは、時間帯ごとの変温管理の設定を、きゅうり栽培の「教科書」に出てくる温度管理のグラフに載せてみると、ピタリと一致したではないか！　なんのことはない、この2人は、台木が変わっても、温度管理は何ひとつ変えていなかったのだ。

いったいこれはどういうことだ？

正直、私は専門技術員を恨んだ。

人を頼れば良いってものじゃない。きゅうりのことは、きゅうりに聞け、ということだ。考えてみればなんのことはない、私も頼るべき専門技術員も「低温伸長性が劣る」という言葉に、まんまと引っかかってしまっていたようだ。

そもそもきゅうりの最低夜温は呼吸抑制を目的に設定されている。この温度を上げるということは、呼吸消耗を促すということだ。せっかく蓄えた同化養分を呼吸作用で消耗してしまったら、もともと低温伸長性の劣る根は、さらに張れなくなるだろう。そこに着果負担が加わってきたら、ますます、樹勢は弱くなる。この悪循環を厳寒期に繰り返したら、収量があがらないのは当然だ。

この事例を図に整理して、部会の会合で紹介すると、「これが知りたかった！」と声をあげてくれた生産者がいた。２人を目標にきゅうりを作ってきた方だ。研究熱心で、ブルームレス台木導入初年度の収量は７・５ｔだったが、この温度管理を参考に取り組んだ翌２年目の収量は８・９ｔに増加し、ツートップに堂々肩を並べるに至った。

時を経ること18年、別の地域で、きゅうり作りに熱心な人たちと仕事をする機会をいただいた。

今度は、勝手に暖房機の設定をいじくらせていただきながら、収量の限界に挑戦した。抑制＋促成で10ａ当たり32ｔ。それは、きゅうりがどこになるのかも知らなかったこの私が、25年の歳月を経て、ようやくたどり着いた記録だ。

# 3　「芯」と「根」── きゅうりの褐斑病対策

抑制きゅうりを台風が襲った！

台風一過、私たちは被害調査に乗り出していく。担当地域は本庄市。パイプハウスで、抑制きゅうり－レタス－無加温半促成きゅうりを栽培していた。

その抑制きゅうりのハウスの多くに、雨水が吹き込んだ。ひどいところは、人が入れないほどの量……いまだに近づけない。

水が引いた頃、状況を見に行った。唖然とした。きゅうりの葉が枯れあがっていたのだ！

これが世にいう「褐斑病」。

恐ろしい病害だ。手の施しようがない。諦めるしかなかった。

数年後、異動先の事務所で、きゅうりの現地検討会から戻った後輩が、ポツンと言った。

「促成きゅうりで褐斑病が止まらない……」

そんな馬鹿な！　厳寒期のハウスに褐斑病が出るものか！　あれは抑制きゅうりにつき

もの病害だ。第一、真冬のハウスに水が差し込んで、高温にきゅうりがさらされたりすることはありえない。褐斑病が出たって？　それは何かの間違いだろう……。

担当が違う私は、その話題を置き去りにしたまま、また次の異動先へ。そして結局、褐斑病と本気で向き合うはめになった。そして知ったのだ、確かに、抑制きゅうりだけでなく、促成きゅうりの、しかも厳寒期に褐斑病が出るということを……。

まず初めに試験場と連携して、現在使われている殺菌剤の感受性を調べることにした。効果を失った農薬を散布すれば、それは、ただの水をハウス内にまいているようなもの、自ずと高湿度条件が演出されてしまうからだ。

結果は表2のとおり。

**表2　きゅうりの褐斑病に対する薬剤感受性試験結果**
(※ビスダイセンは2013年登録失効)

| | | キュウリ褐斑病菌採取圃場 | | A | B | C | D | E |
|---|---|---|---|---|---|---|---|---|
| H23.1調べ | 供試薬剤 | 希釈倍率 | 濃度(ppm) | 菌糸伸長抑制割合* | | | | |
| | ダコニール | 1000倍 | 400 | 40.3 | 29.6 | 45.0 | 44.8 | 36.4 |
| | ジマンダイセン | 600倍 | 1600 | 100.0 | 100.0 | 100.0 | 95.5 | 97.0 |
| | アミスター | 2000倍 | 100 | 30.6 | 32.0 | 21.7 | 32.1 | 26.0 |
| | スミブレンド | 2000倍 | **63 | 79.8 | 86.4 | 91.5 | 85.1 | 85.1 |
| | スミブレンド | 1500倍 | **83 | 86.3 | 90.4 | 93.8 | 87.3 | 94.0 |
| H23.12調べ | カンタス | 1500倍 | 333 | 83.0 | 12.0 | 29.7 | 7.8 | 14.1 |
| | フルピカ | 3000倍 | 133 | 53.5 | 44.0 | 33.1 | 54.6 | 40.4 |
| | ベルクートフロアブル | 2000倍 | 150 | 74.8 | 75.3 | 75.2 | 81.6 | 63.5 |
| | セイビア | 1000倍 | 200 | 96.2 | 93.3 | 84.1 | 100.0 | 100.0 |
| | ビスダイセン | 600倍 | 1250 | 100.0 | 100.0 | 100.0 | 100.0 | 100.0 |
| | ゲッター | 1500倍 | **83 | 100.0 | 100.0 | 100.0 | 100.0 | 100.0 |

*：菌糸伸長抑制割合＝100－（薬剤添加培地上の菌糸伸長量／薬剤無添加培地上の菌糸伸長量）×100

**：ジェトフェンカルブの濃度を表示

驚いたのは、多くの殺菌剤が感受性を失っていたこと。特に、ダコニールの感受性が低くなっていたのには頭を痛めた。

ダコニール、有効成分はＴＰＮ。当時、新剤として登場してくる殺菌剤の多くはこのＴＰＮを有効成分とする混合剤で、なおかつＴＰＮを含むが故に褐斑病の登録をとっていた。生産者は当然、褐斑病に登録がある新剤だからと使用するのだが、褐斑病がおさまるはずがない。いやむしろ助長していたかもしれないのだ。

早速、私は農協へ行き、担当者を通じてＴＰＮと表記された農薬をきゅうり生産者に売らないようお願いした。

初めは抵抗があったが、きゅうりがとれなきゃ意味がないと応じてくれ、基本、褐斑病対策はジマンダイセンとスミブレンドで行うことになった。

しかし薬散だけで解決するはずもない。どうしたら褐斑病を食い止められるのか、発生しても経済的な被害に至らない程度にするにはどうしたら良いのか。次の課題が待っていた。

それは、１月から始めた促成きゅうりの定期巡回も終盤にさしかかった、２０１１年の６月上旬のこと。

ある生産者のハウスに入ろうとしたら、畝間に水が張り込んであって、入ることができなかった。あまりに暑い日が続くので、思い切ってかん水したんだと生産者は語っていたが、その10日後、再び調査に訪れて、愕然とした。

それは過去、あの台風直撃のあとに発生した褐斑病と同じように、ハウス内のきゅうり全体が見事に枯れあがっていたのだ（写真2）。

「なぁに、もうくたびれちゃったから、いいんだよ」

と生産者は笑っていたが、こっちは笑っていられなかった。

あんなに元気だったきゅうりが、わずか10日のうちにこんな姿になろうとは……。

しかしその時、閃いた。もしかしたら、これって根の酸欠によるんじゃないかって。

根が弱れば、地上部も弱くなる。病気にかかりやすい体になる。それまでわずかに発生していた褐斑病が、ここぞとばかりに猛威を振るう。

写真２　褐斑病が激発したハウス

だとしたら、根を常に健全にしておくことだ。

その第一は……。

褐斑病に強いと言われる品種の特徴を思い返してみた。抑制の品種であれ促成の品種であれ、褐斑病に強い品種の特徴は樹勢が強いこと。もっと具体的にいうと、摘芯してもすぐ側枝が発生すること。時には手におえなくて生産者泣かせの品種でもあるのだが、とにかく摘んでも、摘んでも枝が出る。これってどういう意味があるのだろう。

オーキシン！

発根を促すオーキシンは、芯で作られる。褐斑病に強い品種は次から次へと側枝が出てオーキシンを作り出すから発根が良い。当然、樹勢が強くなる。しかしそうでない品種は……芯を摘む↓オーキシンができない↓発根が抑制される↓樹勢が弱る↓病気にかかりやすくなる。そんな時に高温多湿条件をくらったら、それは元も子もないだろう。

ならば摘芯をやめればいい。褐斑病の病斑をみつけたら、極力、側枝は放任し、発根力を維持することだ。そして感受性のある薬剤をローテーション散布する。

まず抑制作型で試してみた。確かに褐斑病は発生したが、枯れあがるようなことはなく、収量もさほど落ち込まずに最後まで収穫できた。

長丁場の促成きゅうりでもやってみた。生産者の気持ちを鼓舞する方が大変だったが、最後まで収穫し、10a当たり17tを超える収量が得られた。

あとは厳寒期のハウスで何故、褐斑病が発生するのか、それだけがわからなかった。

それはまだ寒い2013年2月の午後3時頃のこと。褐斑病抵抗性品種を導入したハウスで、病害の発生状況調査をしていると、ポタッと、首筋に水滴が落ちてきた。

どこから?

ハウスの天井を見上げると、水滴がたまっているのが見えた。

そうか！　こうして厳寒期に高湿度条件はできるのだ、と思った。

この時のハウス内の温度は28℃。ハウスの外は身を切られるほどの寒さ。当然、ハウス内に結露ができる。それがポタポタと落ちてはきゅうりの葉を濡らしている。見ればこのハウス、道理で上位葉にべと病が多発しているわけだ（写真3）。さすがに抵抗性を謳っ

写真３　上位葉に発生したべと病

ているだけあって褐斑病は発生していなかったが。

抑制きゅうりでは、台風のような突発的な浸水でもなければ、なかなかハウス内の湿度も上がりにくいが、促成きゅうりでは、毎日、ハウスの内と外で温度差を生じ、結露を生む。当然、きゅうりの濡れ時間は長くなる。ハウス内の温度を高めに管理していれば、褐斑病には好条件となる。まして抵抗性品種でなければ、病気にかかるのは当たり前と言えば当たり前。

「促成きゅうりで褐斑病が止まらない……」

あの日の後輩のつぶやきが、聞こえた。

## 4　有機質肥料は遅効性じゃない

「うちはべとの専門家だから」という生産者に出会った。抑制きゅうりの収穫開始時期になると、いつもべと病が発生するのだという。

毎年決まって同じ時期に出るものだから、本人はそういう条件の場所なんだろうと諦めていた。

しかしそんなことがあるだろうか？

たいてい抑制きゅうりでべと病が発生するのは、生育後半だ。なり疲れたところに気温の低下と湿度の上昇が加わり、一気に広がっていくのが通常のパターンだ。

これは経験上のことだが、もうひとつ、逆のパターンがあった。それは、ブルームレス台木から従来台木に戻した時、吸肥力が高まり、窒素過多となって、収穫の早い段階から発生したと思われたケースだ。

しかしどう見てもこの生産者のきゅうりは、窒素過多という顔色ではない。むしろ肥料不足、そして軟弱徒長という感じ……。

土を採取した。

ECを測定してみた。

「えっ？」

目を疑った。

きゅうりの生育期間中のECは0・8〜1・2くらいで推移させたいところなのに、このハウスの土は0・2くらいしかない。

まさか、肥料をくれていない……？

こういう質問は気が引けたが仕方ない、生産者に聞いてみた。

「ECが滅茶苦茶低いんですけど、肥料をくれましたか？」

「そりゃ、くれてるよ。農協の高い奴、魚粕なんたらっての。土壌診断して、こんだけ入れてっていう量をくれたんだから」

魚粕配合565……確かに当時、埼玉県のきゅうり生産者の多くがこの肥料を使っていた。

「……」

「有機だから、あとから出てくるんだべ。そんなにすぐには効かないさ」

1週間後、また土壌診断をしてみた。一向にECは上がってこない。

さらに1週間後、それでもECは上がってこなかった。いったい肥料分はどこへいってしまったのだろう……。

今一度、生産者に仕事の段取りを確認した。

「施肥をしたのはいつ頃ですか？」

「そうねぇ、植える2週間くらい前かな」

「毎年？」

「うん、毎年だぁ」

なるほど、だんだん様子が分かってきた。盲点は、有機質肥料は遅効性だという思い込みだ。

有機質資材の無機化率を調べてみると、魚粕は地温25℃の時、2週間で80％が無機化することが分かっている。

この生産者の場合、真夏のハウスへの施肥だ。地温は25℃を超えるだろう。定植2週間前に施肥した魚粕は、定植する頃にはほとんど無機化し、収穫が始まる頃には、それまでのきゅうりの消費分と、かん水による流亡により、相当量減ってしまっていたことが推察される。これから効いてくるだろうと、いくら待っても、出てくるものは残っていない。結局、肥切れ状態で着果負担のかかる収穫期に突入していたわけだ。病気になっても致し方ない。

「きっともう、肥料分は出てきませんよ。どんどん追肥してあげないと、可哀そうですよ」

「ははぁ、肥料が足んないんだ、そいつはあべこべだったない。有機だから、ゆっくり、肥料が効いてくるもんだとばかり思ってた」

翌年、この生産者は基肥の施用時期を少し遅らせ、逆に追肥の開始時期を早めるようにした。

また地域の仲間たちと作ったグループに私も加わり、土壌診断やきゅうりの栄養診断を定期的に行いながら、施肥のタイミングをなるべく適期に行えるよう支援した。

次第に、この生産者のハウスから、べと病は消えていった。

## 5　謎の灰色かび病

きゅうりの産地にいると萎凋症状によく出くわす。しかし一口に萎凋症状といってもその原因は様々だ。過去に経験したものは次の5通り。

①チローシスによる急性萎凋症
②フザリウム・ソラニーによる道管閉塞
③ネコブセンチュウの寄生
④チバクロバネキノコバエによる地際部の食害
⑤ホモプシス根腐病による根の障害

ところがここに、新たにもうひとつ、萎凋症状の原因が加わった。1993年初夏のことである。

「きゅうりが萎れたんで見に来てほしい」という問い合わせに、どうせまたあの五つの内のどれかだろうと、高をくくってハウスに入った。

ところが、畝間にしゃがみこんで株を抜き取ろうとした瞬間、「おやっ？」と目に入ったものがあった。

きゅうりの茎に、灰色かび病がまとわりついていたのだ（写真４）。しかもみな同じ高さ、丁度しゃがみこんだ目の高さだ。

なんでこんなところに、しかも規則正しく灰色かび病が出てるんだ？

そして、この発生部位から上は、みな萎れていたのだ。

きゅうりの灰色かび病は花尻や死果から発生するのがほとんどで、いきなり茎に出るなんて、見たことも聞いたこともなかった。しかも、整列したかのように規則正しく同じ高さに……。

当時、担当していたのは加須市。お隣の羽生市を担当していた職員にも聞いてみた。やはり出ているという。人を選ば

写真４　茎に出た灰色かび病

ず、場所を選ばずということか。

謎が謎のまま、異動になった。担当したのは本庄市。ここでもやっぱり発生していた。

それでも生産者はたくましい。

「先生、大丈夫さ。出たとこに、泥をなすりつけておいたら治っちまうから、ハハハ」

そう言って、ケロッとしていた。

それ以来、私もあまり気にかけなくなっていった。

2013年冬、事務所の土壌診断室にこもって、私たちはハウスの模型を作って、ハウス内の温度の違いや、気化熱の効果などを調べていた。

当時、担当していた春日部市では、パイプハウスを利用して、抑制きゅうり—半促成なすの体系でひとつの産地を形成していた。抑制きゅうりは7月20日に播種、8月末には収穫・出荷が始まった。高温期の作型である。果実の品質はよくない。肩張り尻細、弱いいぼ、それでも出荷が早いため、高値で取引されていた。気温が下がる9月の彼岸を過ぎると、果形は良くなり、見違えるほどいぼがしっかりとして、別物のきゅうりになった。

夏のハウスの温度を下げられれば……、その工夫の糸口を探っていたのだ。

いくつものハウスに入った。左右の手には棒状温度計。ハウスの上と下とで、明らかに温度差があった。もっと言うと、換気部位の高さを起点にその上と下とで温度が違った。

当然、上は高く、下は低い。

隣の杉戸町に同様のパイプハウスで、同じ播種時期にもかかわらず、収穫初期から品質の良いきゅうりを作っている生産者がいた。特に何をしているわけではないという。ひとつだけ気がついた。この生産者のハウスは肩換気で、換気部位が高い位置にあった。主枝摘芯の高さは、丁度、換気部位のあたり。そして温度の上下差は8℃もあった。ここになにかヒントがあるかもしれない。そう思って小さなハウス模型に、サイド換気と肩換気の両方ができるよう細工し、まず密閉したハウスの中に線香の煙を充満させ、次にサイド換気を行った（写真5）。

するとどうだろう。煙は換気部位よりやや低い位置で、真横に線を引いたように層ができ、サイドから徐々に抜けていった。次に肩換気をすると、その部位から勢いよく煙は抜けた。

この様子を見ながら私の頭に、20年前の謎の灰色かび病

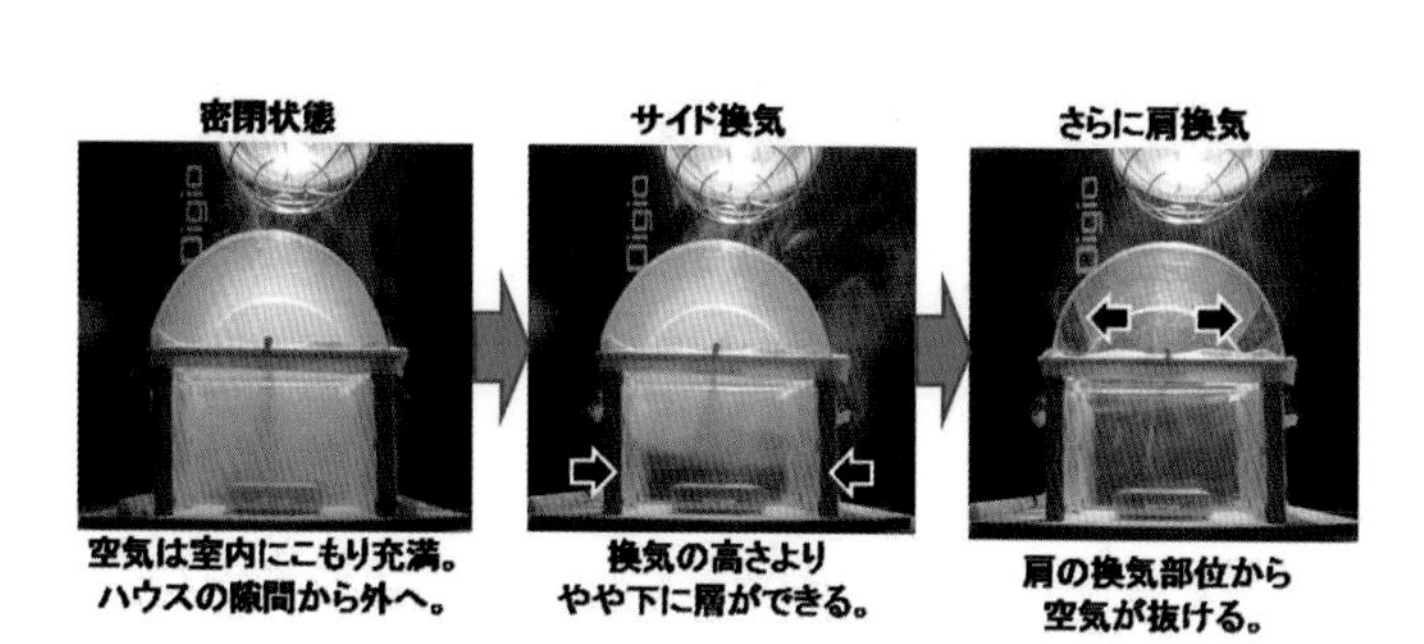


写真5　ハウス模型での実験

の映像が浮かんできた。

もしかして暖かくなり、サイドを少し開けるようになったため、ハウスの中にこのような空気の層ができ、灰色かび病の胞子が、この層の高さで空気の流れに乗って、きゅうりに感染していったのではないだろうか……。今となっては確認するすべがない。しかし私の目には、浮遊する灰色かび病の胞子が、ぼんやりとだが見えた気がした。

それから3年後の2016年初夏、ところを移した川島町でとまとの調査をしていた時、茎に灰色かび病が発生している事例に出くわした。しかもそれは一定の高さに線を引いたように発生していた。発生部位をたどりながらハウスサイドに目を向けると、思ったとおり、サイド換気がしてあり、灰色かび病の感染位置は、換気の高さのやや下にあった。

謎の灰色かび病に出会ってから23年が経っていた。

# 6　硝酸イオン試験紙が堆肥の流通を担う

1993年、樹液や土壌の硝酸濃度を迅速に把握できる試験紙に出合った。それは、埼玉県園芸試験場（現・埼玉県農業技術研究センター）の六本木和夫先生が当時取り組んでいた、「リアルタイム土壌溶液・栄養診断による施設園芸作物の効率的肥培管理システムの開発」という研究テーマの現地実証に協力してもらいたい旨、連絡をいただいたことに始まる。試験紙の名前は「メルコクァント硝酸イオン試験紙」（現・エムクァント簡易分析試験紙硝酸テスト）といった。

当時、六本木先生と現地で行ったのは、きゅうりの晩期抑制および加温半促成作型で、定期的に樹液の硝酸濃度を測定し、追肥の可否を判断するというものだった。今日、埼玉県で「栄養診断」と呼んでいるものの始まりはここにある。

この時の現地実証では、結果的に追肥回数や施肥量を減らすことができた。

この試験紙、なんのことはない、見た目は、検尿検査で使う試験紙のようなものだ。しかし栽培技術の未熟な「普及員」だった私にとっては、目に見えないきゅうりの栄養状態をリアルタイムで生産者と共有し、意思決定できる道具としてこれ以上ないものとなった。

そして、この試験紙の重宝さに惹かれて四半世紀、今なお、手放すことができないでいる。

現地実証から数年後、堆肥の腐熟度判定を行う研修会で、久しぶりに試験場の六本木先生にお会いした。

研修では、堆肥の腐熟度が進行していく過程で、窒素の形態がアンモニア態窒素→亜硝酸態窒素→硝酸態窒素と変化していくことを前提に、色やにおいの違い、硝酸化のレベルを試薬の色の変化で確認する実験手法などについて学んだ。

私は同じテーブルにいた六本木先生に、「試験紙を使えば、簡単に調べられるのでは？」と質問した。というのも、私たちが使った硝酸イオン試験紙には、硝酸イオンと亜硝酸イオンの二つを同時に調べる機能がついていたからだ（写真6）。

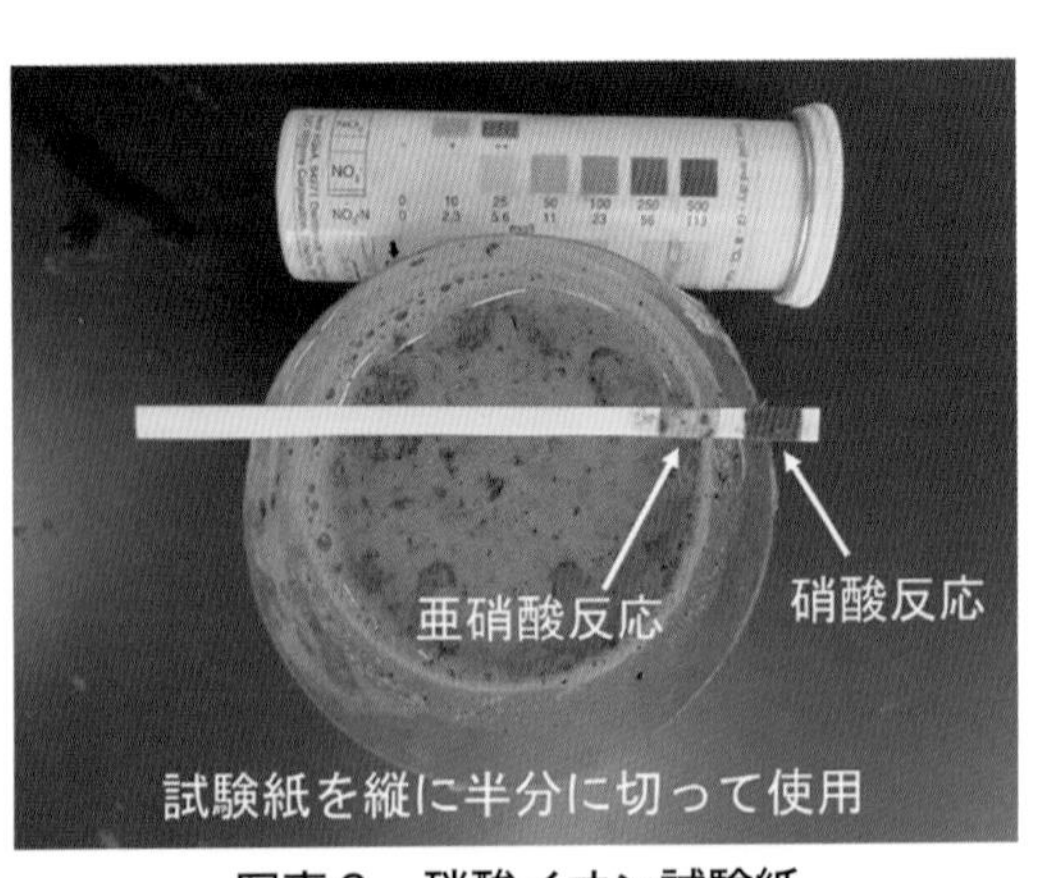


写真6　硝酸イオン試験紙

嬉しそうに六本木先生がポケットから硝酸イオン試験紙を取り出した。まさか持ち歩いていたとは！　私は驚きとともに、そのプロ根性に頭が下がった。

「やってみましょう」

そう言って、六本木先生は試験紙を使って、亜硝酸反応や硝酸反応の有無を、実験の結果と照らし合わせた。

「結構、行けますね」

私は調子に乗って真似をする。いつもポケットに試験紙をしのばせておいて、必要とみるや、さっと取り出して、使って見せる。

そういう機会がやってきた。

施設きゅうりの施肥面談会のこと。始まる前に、当時の経済連（現・全農さいたま）の担当者から、新しい堆肥の紹介があり、「今度からこちらを使いたい」とのことだった。

「先生どうでしょう」と、私に話の矛先を向けてくる。

においを嗅いだ。微かだが、未熟堆肥のにおいを感じた。

「ちょっと、いいですか？」

そう言って私は、六本木先生さながらに、ポケットから試験紙を取り出し、この堆肥を定量の水に入れて攪拌した後、上澄み液に試験紙をつけてみた。

皆、何が始まったのかという顔をして、試験紙を見つめている。

「先生どうなんだい？」

きゅうり生産者の1人が声をあげる。

案の定、試験紙は亜硝酸反応を示した。まだ、未熟だったのだ。

「これは完熟じゃないですねぇ」と私。

「なんだ、だめじゃん、使えないな」と生産者。

困り顔の担当者は、「それじゃ、堆肥の製造現場を見に来てください」と言った。

後日、きゅうり部会の役員さんたちと、私と、事務局である農協の職員が、経済連担当者の案内で、この堆肥を作っている肥育牛農家のもとを訪ねた。

深さ1m程度の発酵槽の堆肥化施設があり、生牛糞を攪拌して送り出していく。投入から仕上がりまで3カ月。施設から出た堆肥は、雨が当たらないよう、屋根つきの堆肥舎の下にストックされ、出荷を待っている。

このストックされた堆肥の腐熟状態を、試験紙を使って確認してみた。やはり亜硝酸が反応した。袋詰めされた堆肥もチェックしてみた。同じだった。

経済連の担当者も今度ばかりは諦めた。

きゅうり部会の役員の皆さんは、未熟な堆肥を部会で導入するようなことにならなくて良かったと、胸をなでおろしていた。

この頃は丁度、家畜排せつ物法が改正され、畜産農家の糞尿処理が大きな課題となっていた時期でもある。耕畜連携を進め、畜産農家の堆肥を園芸農家に使ってもらおうというのも、私たちの仕事の重要なテーマだった。

ただ問題は、堆肥を出す側も使う側も、同じように「この堆肥で大丈夫か？」との不安を抱えていた。耕種農家からすれば、袋詰めの購入堆肥は扱いやすいとはいえ、値段が馬鹿にならない。同じ量をほ場に入れるなら、畜産農家から直接買った方が、各段に安いことも分かっていた。実際、堆肥の購入代金は一桁違うほどだったのだ。そこで、またまた活躍したのが試験紙だった。

この堆肥の山は、もう出荷しても大丈夫。あそこの堆肥なら、安心して使える。そういう情報を畜産農家にも、耕種農家にも提供することができた。おかげで５００ｔもの堆肥が地域内に流通した。

そしていつしか、管内の堆肥供給マップができ上がり、活用されるようになった。

## 7　とまとの根が苦しんでいた

促成とまとの調査をしていると、株にふれた途端、ボトボトっと、肥大中の果実が落果した。

「ええっ⁉」

何かやらかしてしまったかと思い、果実を手にとると、灰色かび病にやられていた。気が付けば、ハウスのあっちにもこっちにも、そんな果実が転がっており、またぶら下がっていた（写真7）。

生産者に聴くと、ありとあらゆる殺菌剤を使ってはいるが、毎年こんな調子なんだとか。灰色かび病は死んだ組織から感染する。とまとの場合、カリ欠乏による葉先枯れが最初の発生源となることはよく知られている。なるほどこの生産者のハウスにも、葉先枯れ症状が多発していた。病原菌は正直だ。

それにしてもこのハウス、灰色かび病だけでおさまれば良いのに、春になったら今度は尻腐れ果（写真8）が多発するようになった。水を絞り過ぎているからだろうとかん水す

写真７　とまとの灰色かび病

写真８　とまとの尻腐れ果

ると、症状はますますひどくなるばかりだ。

意識してケイ酸加里を施用したり、石灰質資材の葉面散布をしているが、ほとんど気休めにしかなっていない。

土壌診断をしてみた。同じような症状で毎年悩んでいた生産者とあわせて2件分のデータを表3に示した。

およそカリ欠とは程遠いデータだ。塩基バランスもむしろカリに偏っている。なぜカリ欠がおきるのか？

尻腐れは石灰欠乏を伴っているというが、これまた養分欠乏によるとは思い難い。地温が高くなると石灰が不溶化するとも言われているが、とまと生産者全員が尻腐れで悩んでいるわけではない。

水田地帯のハウスなので地下水位が高く、根腐れをおこしているのかと思いきや、50㎝の深さに暗渠がしてあり、とまとの生育期間中にそれより水位が上がることはなかった。

養分があるのに欠乏症……ご馳走があるのに食べられない……何故？

**表3　カリ欠症状が多発していた２ほ場の土壌診断結果**

| 生産者 | 採取深度 | mg／乾土100g | | | | ミリグラム当量比 | | |
|---|---|---|---|---|---|---|---|---|
| | | 石灰 | 苦土 | 加里 | リン酸 | 石灰／苦土 | 苦土／加里 | 石灰／加里 |
| | | | | | | 2.8 | 5.0 | 14.0 |
| A | ~30cm | 342 | 99 | 66 | 153 | 2.5 | 3.5 | 8.7 |
| | ~60cm | 373 | 113 | 79 | 180 | 2.4 | 3.4 | 8.0 |
| B | ~30cm | 275 | 59 | 50 | 166 | 3.3 | 2.8 | 9.3 |
| | ~60cm | 313 | 66 | 96 | 175 | 3.4 | 1.6 | 5.5 |

塩基バランスは地力保全協議会関東地区（1982年）を参考にした

ある調査の日、それは丁度、かん水の真っ最中だった。

「……？」

かん水チューブから出てきた水が、畝間に溜まったまま、しみ込んでいかない。随分長い時間、かん水しているんだろうか。それにしても、こんなに透水性が悪いのか、それとも……、と思い当たったのは耕盤の位置だ。確かに暗渠は設置されているが、それより高い位置に耕盤が形成されていたらどうだろう。根圏は狭くなる、狭い根圏が水分過多になる、水分過多になった根は酸欠になる、そして養分を吸収するどころではなくなる……、そんな仮説を立ててみた。

次の調査の日、私は長さ90㎝の鉄の杭（ロープ止め用の金具）をもってハウスに入った。杭をさしてみる。

Aさんのハウス、20㎝さしたところで止まってしまった。いくら体重をかけても杭は入っていかない。

Bさんのハウス、驚いた。10㎝しか杭が入らない。どうあがいてもだめだ。しまいには、こちらの体が宙に浮いてしまうほどだ。

灰色かび病や尻腐れにあまり困っていない他の生産者はどうか。ほとんどのハウスで40㎝以上さされた。

成程、やはりそういうカラクリだったか！　私はようやく納得した。

10月中下旬に定植したとまとは、厳寒期に向かって根を伸長させ生長するが、根は耕盤に届くと、それ以上、伸長できなくなる。厳寒期に浅い根を張ったとまとは、果実肥大によってカリの要求量が高まってきたにもかかわらず、低地温の影響を受け、逆に養分吸収が悪化、葉先枯れを起こす。そこに灰色かび病が襲い掛かり、せっかく肥大してきた果実が落果する。

春には作土が浅く狭い根圏に、根が満員電車のようにぎっしりと張り巡らされている。そこへ多かん水。酸欠を引き起こし、根の働きが低下。十分あるはずの石灰が吸収できず、尻腐れ果が発生する。

このカラクリを生産者に話し、深耕による耕盤破砕をすすめた。

生産者は、「なるほど、しばらく深耕していないし、そういうことならやってみよう、いいことを聞いた」と応じてくれた。

翌年の冬、いつもの年なら多発する葉先枯れは、全くと言って良いほど見られず、葉の先まで緑色の元気な葉が展開していた。当然、灰色かび病も出ない。尻腐れ果も少なくなり、かん水量を増やす必要もなくなった。

癌の手術を受け復帰してきたというこの生産者は、「体は良くなるわ、とまとは良くなるわ、こんなに嬉しいことはない、良かった、良かった」と喜んでくれた。
とまとの根が苦しんでいた、そういう声が私には聞こえた。

## 8　とまとは言う、「もっと光を」

私が勝手に「7人の侍」と名付けた生産者たちがいる。7人できゅうりととまとを作って、1億円以上を売り上げている。大した人たちだ。

その「侍」たちから「果たし状」を突き付けられた。その中身はというと、①L・M中心、糖度6以上のとまとを作りたい、②5段目までの空洞果対策の二つだった。

調子にのって「やってみますか」と言ってしまったのが運の尽き、出口のないトンネルの中に潜り込んでしまったようなプロジェクトが始まった。2014年秋のことである。

まず、どんなとまとを作っているのか、定植後、11月10日から10日おきに7人のハウスを巡回し生育調査や土壌の調査を行った。

調査項目は果房の段数及び開花・肥大状況、茎径、カリ欠や苦土欠・空洞果の発生状況、土壌水分、果実糖度、土壌の硝酸態及びアンモニア態窒素量（試験紙による簡易分析）などである。

7人とはいえ立派な組合である。品種や規格を統一し、定植時期は10月下旬から11月上旬となっていた。

　ところが、7人のハウスを巡回してみると、これが本当に同じ時期に定植した、同じ品種かと思うほどその姿は異なっていた。

　茎の太さがようやく1㎝になるかならないかというとまともあれば、2㎝近い、太いとまともある。やたら大きな果実がなっているかと思うと、S玉中心の小ぶりのとまとばかりなっているハウスがある。大味のハウスもあれば、フルーツトマトさながらのハウスもある。さらにはフルーツとまでは言わないが、独特の風味のとまとがなるハウスもあった。

　しかし、土壌水分も窒素分も、ここが違うというような決定的な差は見つからず、そして「侍」たちが言うように、5段目までは、約束したようにどのハウスにも空洞果が発生した。

「これはとんでもないことを始めてしまったぞ」と内心、臆病になりながら、それでもとにかく何か見つけなきゃ、とばかりに調査をやり続けた。

　石の上にも3年というが、2年も観察し続けると、面白いことが分かってきた。それは空洞果が出るという5段目までの花が咲く時期である。

　2年間の調査データをじっくり眺めていると、丁度、冬至の日を境に、それ以前に開花した花とそれ以降に開花した花とでは、空洞化の出る頻度が異なっていたのだ。

即ち冬至以前に開花した花は空洞果になりやすく、冬至以後に開花した花は空洞果になりにくい。しかもこれは、程度の差こそあれ、姿形が全く異なる7人のとまとに、共通した傾向だった。

とまとは光の要求量が高いというが（光飽和点はきゅうりがおよそ5万lx、いちごが2万lxに対してとまとは7万lx）、ここまで馬鹿正直に反応しているとは思わなかった。

さらに興味深いことがわかった。糖度の変化だ。3月上旬から5月上旬までの約2カ月間、多少の前後、また高低差はあるものの、どのハウスのとまとも、糖度が上昇し、一定レベルをキープした。

それは丁度、春の気配が顕著になり、土中に隠れていた虫たちが活動し始めるといわれる啓蟄の前後から、夏の気配が立ち始める立夏、小満の頃までだ。

そしてこの季節は、日照時間も長くなり、日射量も多くなる。とまとにとっては最高の季節なのだろう。

「侍」たちからの果たし状に対する明確な答えはいまだ得られていない。

ただ、とまとにとって最適な環境を提供することをもって、施設とまとの栽培技術と言うのならば、このあまりにも季節の移り変わりに馬鹿正直に反応するとまとの性質をどう生かすかがポイントになるのではないかと思う。

そのキーワードは「光」だ。

日照時間が短く、日射量も少ない、なおかつ高度も低い厳寒期の太陽光を有効に利用するにはどうしたらよいのか。

自然に糖度が増してくる春へ、どのような樹姿を作れば良いのか。

興味は尽きないが、役人の宿命、人事異動でこのプロジェクトを後進に譲ることとなった。いまだ、その答えを聞かないところをみると、暗礁に乗り上げたか、プロジェクト自体がストップしてしまったのかもしれない。

私が手掛ける機会は失われたが、次代への宿題としてここに記しておきたいと思う。

## 9　いちごの温度管理は北斗七星

私がいちご作りの「神」と呼ぶ人がいる。

出会ったのは２００３年。直売所のいちご専門部会の部会長をされていた。御年72歳。40年以上の栽培経験をお持ちの生産者だ。

「とちおとめは、女峰に比べて、花房間葉枚数が1枚多いねぇ」

驚いた。こんなことを言う生産者は初めてだった。

そして「今年は失敗だよ、こんなザマのいちごを作るようじゃ……」とマルチをめくって見せてくれた。

「普段ならこの時期、ここにびっしり根が出てくるんだけど、今年はだめだ」

そう言って、自分のいちごにさんざんケチをつけたあげく、「まあ、食べてごらん、いっぱいなっているんだから」と、大粒の形の良いいちごを摘んで手渡してくれた。

びっくりした。こんないちごは初めてだ。甘いだけじゃない、コクがあり、甘さと酸味のバランスが良く、その上、果汁の多いこと！　あふれ出る果汁にむせ返るほどだった。

そしてもっと驚いたのは、いつまでもその香りが口の中から消えないこと。同じ地域にたくさんのいちご生産者はいるが、こんないちごにお目にかかったことはない。

「いやぁ、この程度のいちごは誰でも作ってるよ」

……作ってない。作っているわけがない。

事実、直売所には開店前から行列ができている。「神」のいちごを手に入れるには、開店から30分が勝負ということを、お客さんは知っている。

たまたま出荷が遅れると、客は仕方なく別の生産者のいちごを手にして、しぶしぶレジへ並ぶ。そこへ「神」のいちごが届くと、客は今まで手にしていたいちごを元へ戻し、「神」のいちごと交換するという。

私たちは、こんな苦労をしなくてもハウスに行けば、「神」のいちごを口にすることができた。なんて幸せなことだろう。

それにしても、この味はどうやって作り出されるのだろう。このマル秘テクニックを共有できたら、どれほど素晴らしい産地になることか……と思っていた矢先、私は異動することになった。

「高設栽培のいちごがあるのだが、一度見てほしい」と、異動先の事務所の後輩に頼まれて訪れたハウスがある。２０１2年のこと。それは別の意味で衝撃だった。品種は紅ほっぺ。とは言いながら、小粒。そして何より、木の味がした。
いくら練乳をかけて食べるとはいえ、観光摘み取り園でこの味はないだろう……という
ことで、次作、徹底して栽培管理を見直すことにした。
こうして、まずいいちごを美味しくするプロジェクトが始まった。
培地の肥料濃度、かん水回数、ハウスの温度管理等々、細かくチェックしていった。栽
培を担当しているのは経験2年目の女性。システムのマニュアルどおりに管理するのが精
一杯だ。しかしどう見ても、それではいちごにマッチしていない。水のやりすぎ、温度の
かけすぎ、ぼうぼうに地上部は生育しているが、亜硝酸障害は出るわ、チップバーンは出
るわ、うどんこ病は出るわのトラブル続き。これで本当にものになるのだろうか……。
こんな時は「神」にすがろう……後述するが、神の力をかりて大がかりなカブリダニの
現地試験に取り組んだ際、「神」のハウスの温度データを記録したことを思い出した。
10年も前のデータだが果たして、残っていてくれ……祈るようにパソコンの保存データ
を調べた。
あった！
そして季節の中で最もいちごが美味しくなる1月の毎日の温度管理を1時間ごとに平均
し、グラフにしてみた（図1）。するとどうだろう。「神」のいちごの温度管理は、まるで

北斗七星のような線を描いている。光合成適温である20～25℃の時間が7時間は確保されていた。

それに比べて「木の味」がするいちご（図2）、正午に向かって直線的に温度が上昇し、やがてミツバチもいやがる30度以上になった。そして今度は日没に向かって直線的に下降、光合成適温である20～25℃となったのは1日のうちわずか2時間程度しかないことがわかった。

これでは美味しいいちごができるわけがない。ましてや、同化養分を作らないくせに窒素栄養だけは吸収している。体の中は痛風状態だ。うどんこ病がとまらないのも致し方ない。

そこで、いち早く光合成適温にハウス内の温度を上昇させるため、朝の換気時間を遅らせた。また適温を日没ギリギリまで維持するために、夕方、ハウスを閉める時間を少し早くさせた。

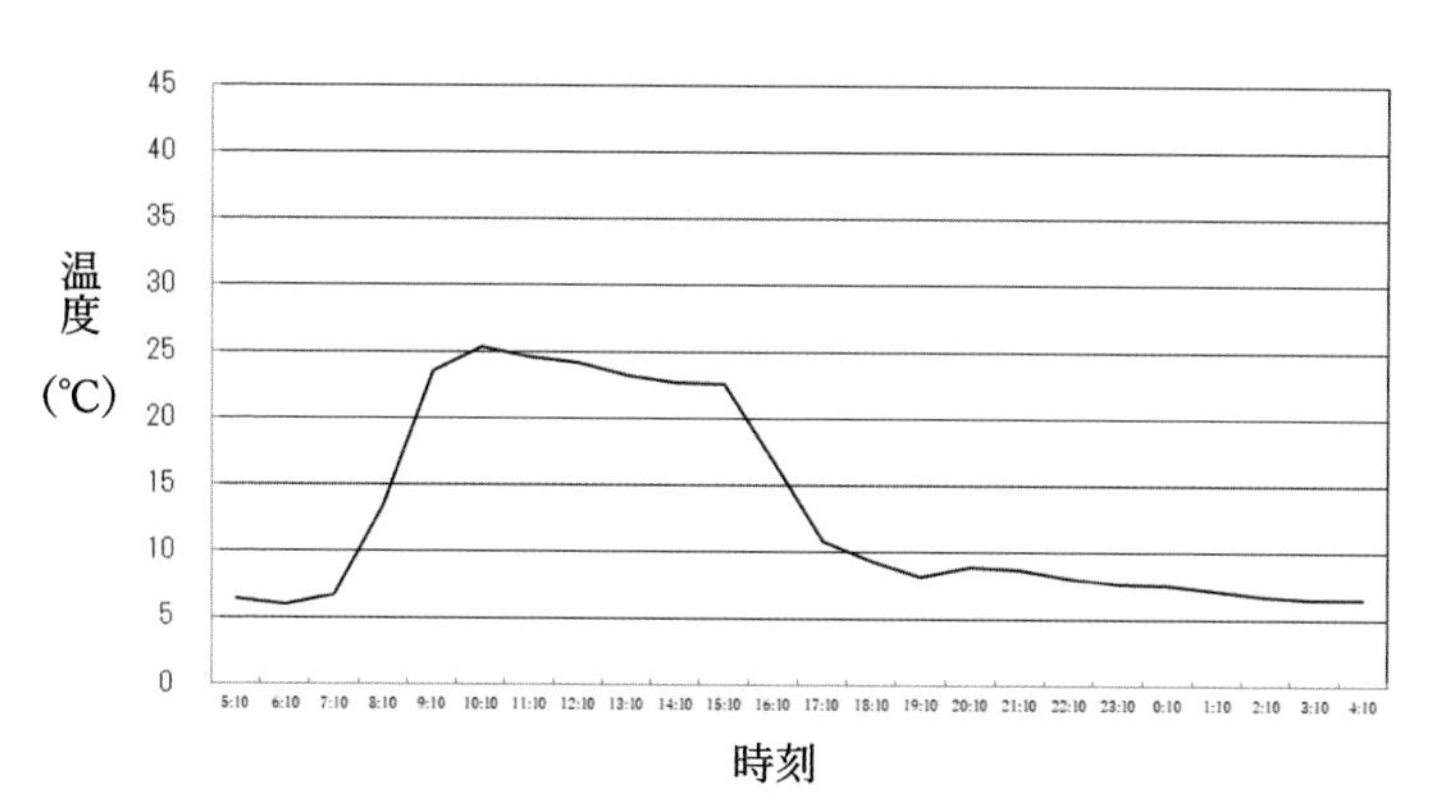


図1　「神」のいちごハウスの温度変化

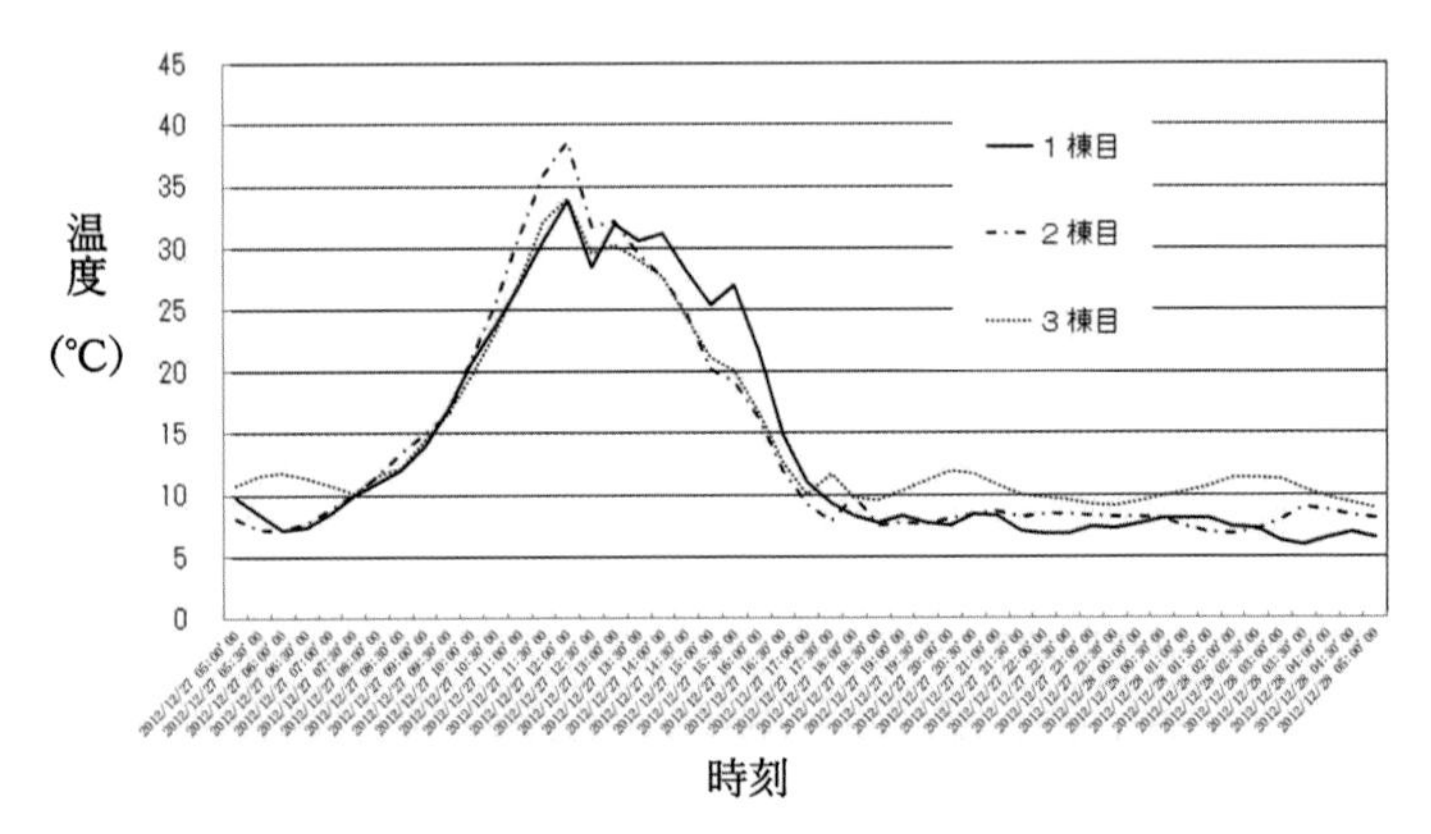


図2　「木の味」がしたいちごハウスの温度変化

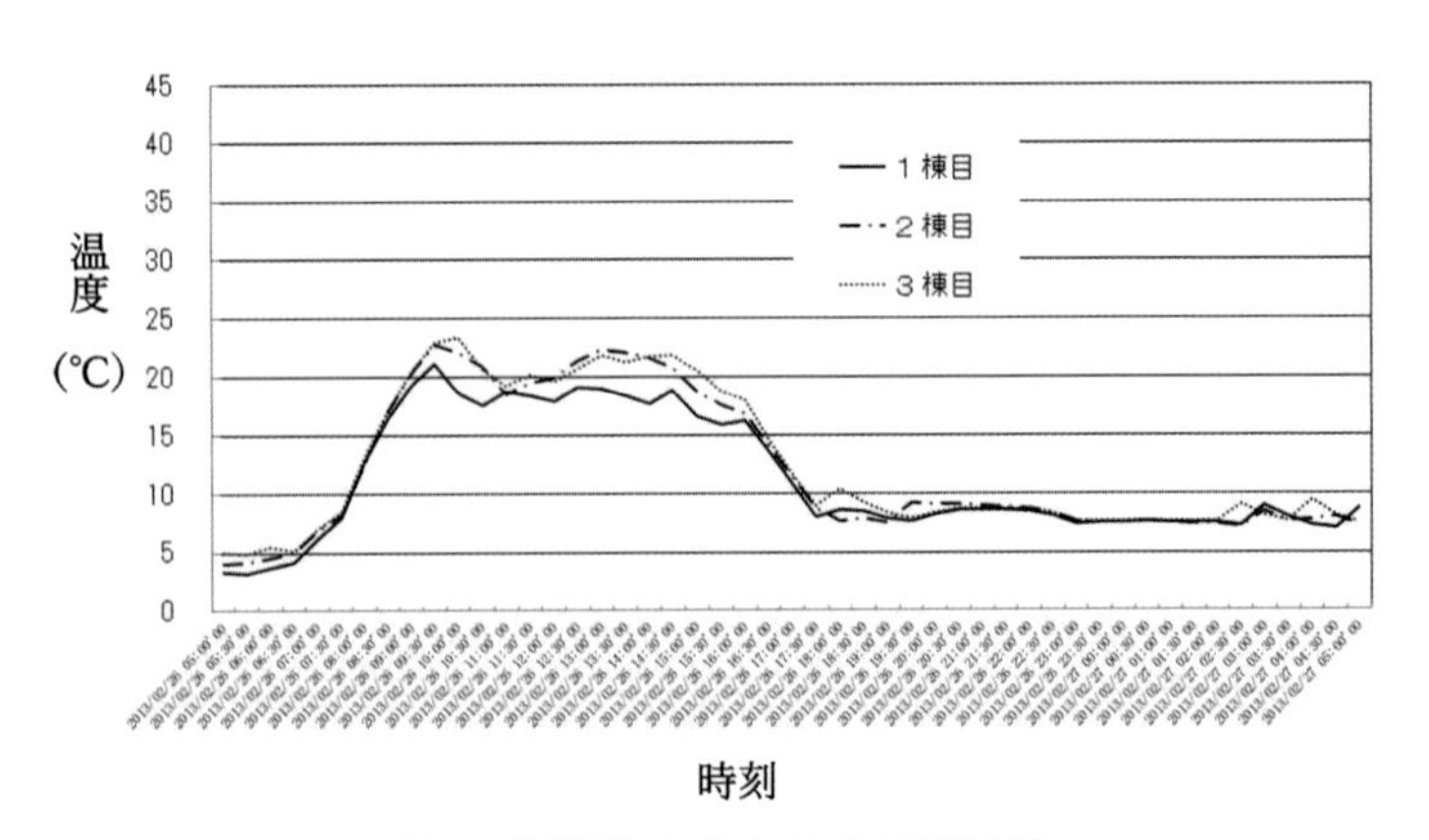


図3　改善後のハウスの温度変化

毎日毎日温度の変化をチェックし、ハウスの開閉時間やハウスサイドを開ける程度を調整した。２月中旬を過ぎる頃、ようやく「神」の温度管理と同じように、グラフが北斗七星を描いてくれた（図３）。

なんと、その時のいちごの糖度は14度！　うどんこ病も出なくなっていた。

「味が変わったって言われました」と嬉しい報告をいただいた。

それは「神」のすごさを実感した瞬間でもあった。

それから、何人ものいちご生産者にこの温度管理を実践してもらい、その確かさを実感している。

２０１８年、入りたての職員２人をつれて久しぶりに「神」のもとを訪れた。

初めてお会いしてから15年、栽培面積は半分に減っていた。しかし、ますます腕に磨きがかかっていた。収量も以前より増えているんだとか。

「まあ、食べてごらん、いっぱいなっているんだから」

あの時と同じように、大粒のいちごを摘んで、若い職員２人に手渡してくれた。15年前、私が体験した衝撃のいちごとの出合いを、２人もまた体験してしまった。

２人にとってのいちごのスタンダードは、「神のいちご」となった。

## 10　高設栽培いちごを救った亜硝酸チェック

高設栽培のいちごの生育がどうも良くない。そんな相談を仲間の普及指導員からいただいた。さっそく現地に行く。培地からいちごを引っこ抜くと、根は真っ黒に変色していた。しかしいくら培養しても病原菌は出てこない。センチュウが出てくるわけでもない。いったいこれはなんなんだ……？

埼玉県でも各地にいちごの高設栽培システムが導入されるようになって久しい。都市近郊の立地が功を奏したのかも知れない。かつての土耕栽培による市場出荷の産地は、作業姿勢の厳しさゆえか、あるいは価格の低迷によるのか、後継者不足で規模縮小の一途をたどっている。その一方で高設栽培の導入は年を追うごとに増えている感がある。

しかし、栽培技術の面ではまだまだ課題が多そうだ。

そのひとつが、培地の管理の問題である。

先の生育不良のいちごの課題は未解決のままだったが、数年後、管内の高設栽培いちごのハウスを巡回する機会があった。そこで私は、全く同じ症状のいちごに出会った。

そもそもいちごは、肥料濃度が高いと根に障害を起こしてしまう作物なので、比重の軽い培地での養液管理は、土耕栽培に比べてデリケートだ。しかもシステムによって培地の種類は異なっている。培地に応じた肥培管理が必要だ。

以前、生産者の手作りによる高設栽培システムの肥培管理に関わったことがある。培地は、もみがら主体でその他に、堆肥、ピートモス、土を混合しており、比重が軽い培地だった。ECが高くても、硝酸態窒素は少なく、肥培管理をどのように行うかに苦慮した。そこで、いちごの葉柄の樹液診断を定期的に行い、1,000 ppmを維持できるような、液肥の供給パターンを組み立て、生育と味を確保したことがあった。

そんな経験から、様々な高設栽培システムの肥培管理の違いやいちごの生育には非常に関心があった。そして、培地がかかえている硝酸態窒素はどの程度なのか、そんな興味をもちながら、ほ場巡回に参加した。もちろん、ポケットには試験紙をしのばせて。

さてそこで、生育不良のいちごを前にした私は、さっそく試験紙を取り出して、培地をひとつかみして、ぎゅっと絞って養液を試験紙にたらしてみた。

まさか!?

目を疑った。試験紙は、しっかりと亜硝酸反応を示していたのだ。

ハウスのビニールに付いた水滴も試験紙で調べてみた。これにも亜硝酸が反応した。

もしかしたら、あの原因がわからなかった高設栽培のいちごも、同じように亜硝酸が反応するかもしれない。そう思い、早速調べてみた。結果は予想どおり、培地からもビニールの水滴からも亜硝酸反応が認められた。

この施設では翌年度、培地をすべて新しく入れなおした。そしていちごはまた元気に生育した。

それから数年がたち、高設栽培のいちごと本格的に「格闘」するはめになった。プラント導入3年目。杉皮の培地を使用、一作終わると、培地をビニール被覆し太陽熱消毒を行っていた。これはマニュアルどおりの工程だ。しかし、硝酸態窒素を含んだ有機質を熱処理した結果はどうなる……？

太陽熱処理後、定植時の培地の亜硝酸を試験紙でチェックしてみた。案の定、亜硝酸反応が見られた（写真9）。培地は未熟堆肥と同じ状態で、いちごの定植を待っていたのだ。

定植後のいちごはどうなったか？　写真10のとおりだ。

培地から亜硝酸の反応がなくなるまで、約1カ月を要した。

マニュアルには、廃液のＥＣがいくつになったら、液肥を流すとか書いてあったようだが、亜硝酸反応がなくなるまでは、廃液のＥＣがいくつであろうと、井戸水以外は使用さ

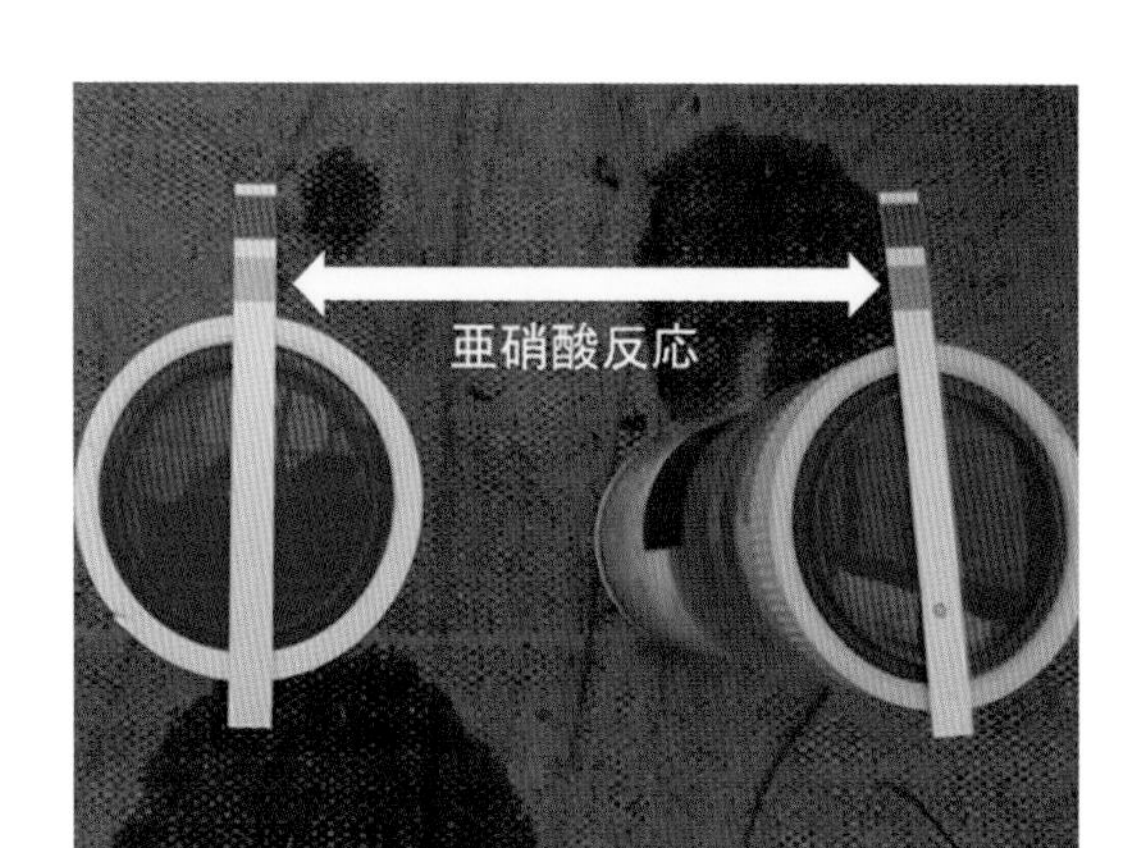


写真９　亜硝酸反応した試験紙

写真10　いちごの亜硝酸害

せなかった。そして、いちごの生育状況を見ながら施肥のタイミングをはかっているうちに、結局、液肥は一度も施用することなく栽培できた。

私は思う。

高設栽培は、マニュアルどおりに管理すれば、誰でもいちごが作れるという利点がある反面、いちご本来の能力を引き出せているかどうかは疑問だということ。

培地だって、年数を重ねれば変化する。肥料を与え、水分を与え、熱を与え、そうやって年を重ねた培地が、初めて使用した時と同じであるはずがない。いやむしろ、変化するのが当たり前。そう、いちごの根圏環境は、毎年変化しているのだ。

しかし、マニュアルはその変化には触れない。廃液のECの変化だけでは、いちごの声は聞きとれない。マニュアルどおりの管理はいつしか、いちごに過酷な根圏環境を提供するようになる。そうしてできたのが真っ黒い根であり生育不良なのだろう。

わざわざ未熟堆肥を作って、そこにいちごを植える、そんなおバカな栽培技術があるだろうか。

1枚の試験紙が、いちごの声を代弁してくれた。

栽培する形がどう変わろうと、作物そのものの姿から、管理の良し悪しを判断する、この当たり前の行為を忘れてはならないと痛感した。

そして試験紙は、時に聴診器となり、時にスピーカーとなって、私たちに作物の「今」を知らせてくれる。

たかが試験紙、されど試験紙である。

# 11　ストップ！　ザ・うどんこ病

うどんこ病の専門家を自認するいちごの生産者がいた。

その年、いちご出荷組合の総会終了後、懇親会の際に、ビール瓶をひっさげてその方はやってきた。

「先生、いつも見てもらって悪いねぇ。それにしても、うちのうどんこ病はどうにかならんかね？」

カブリダニの調査で定期的にお邪魔していた生産者の1人だ。ハウスでは、カブリダニが順調にハダニを捕食して、被害を抑えていた。その一方で、うどんこ病が悩ましいほど発生していた。

いくら薬をまいても止まらない、毎年のことだという。

話を聞きながら、私は三つの映像を思い浮かべていた。

ひとつは硝酸反応を示したいちごの葉露（写真11）。もうひとつは、とちおとめという品種の根の姿（写真12）。そして三つ目が、農薬散布直後の葉裏の様子だ（写真13）。

写真11 硝酸反応を示したいちごの葉露

写真12 ポット育苗した定植前のとちおとめの根

ひとつ目の硝酸反応を示した葉露だが、いちごの栄養診断をする際、葉柄汁を絞って希釈することから、もしかしたら葉露にも硝酸反応があるのではと思い、試験紙で調べてみた。まさに思ったとおりで、試験紙はピンク色に染まった（写真11）。

そして二つ目のとちおとめの根の姿。

平成13年3月に栃木県農業試験場が出した「いちご『とちおとめ』の栽培技術」によれば、とちおとめの「根は太い1次根を発生するが、本数は『女峰』より少なく、1次根から発生した細根の割合が高い。（中略）発根後の根の生育は旺盛で、太い1次根から多くの細根を発生し、根の量は栽培期間を通して『女峰』より多い」という。

なるほど写真12はその言葉どおりだ。細根が非常に多いとちおとめが吸収した窒素栄養が、やがて葉露を通じて葉の表面に運ばれる様子を想像した時、多肥栽培するほど、葉に

写真13　農薬散布直後のいちごの葉裏

は多くの窒素が付着することになるだろうことは想像に難くない。窒素のファンデーションを葉の表面に塗りつけたようなものだろう。それはうどんこ病菌にとって最高の食卓だ。そこに農薬散布をする。うまくかかれば良いが、残念なことに、かけむらは尋常ではない。半分もかかっていればいい方だ（写真13）。かからなかったところにいたうどんこ病菌は、今まで以上に我がもの顔で繁殖することだろう。

こうしていつしか、うどんこ病が蔓延するハウスができ上がっていく。そんな目に見えない菌の動きを思い描きながら、グラスにビールを受けては話を聞いていた。

この生産者の何軒か隣に酪農家がいた。長年、この酪農家から堆肥を譲ってもらっては、ハウスに投入してきた。そのせいか、この生産者のいちごは、やさしい甘味がいつまでも口の中に残り、とても幸せな気分にさせてくれた。残念なのは、本人が言うとおり、うどんこ病が多く、粒を選ぶのが容易でないこと、そして果肉が柔らかいことだ。

地力窒素は十分過ぎるほど蓄積されていたはずだ。

年をとったので……と言いながら、ここ数年は不耕起連続畝栽培をしているという。そして肥料は畝の表面にパラパラとまき、軽くうなってから定植するのだとか。

私は酒の勢いを借りたわけではないが、「次作は無肥料でやってみませんか？」と言ってみた。そして、とちおとめの2次根の多さ、吸肥力の強さ、窒素過多とうどんこ病の関係、農薬散布の功罪、堆肥の無機化率のことなどを話してみた。

はじめは無肥料ということに抵抗を感じていたようだが、長年、堆肥を入れて土づくりをしてきた自信がそうさせたのか、「それじゃ、今年はそうしてみようかな」と承諾してくれた。

お互い飲んだ席での口約束なので、本当に無肥料で栽培などということを、長年いちごを作り続けてきた方が、やってくれるかどうか不安だった。

定植後のハウスに立ち寄ってみると、

「今年は無肥料にしてみたよ、もし肥料が足りなくなったら、葉面散布をするから。またちょくちょく見に来てよ」

と言う。

申し訳なさ半分、してやったり感半分、「まかせてください！」と言って、それから、本当にちょくちょくハウスを覗きに行った。

しかし、昨年まであんなに発生していたうどんこ病が見当たらない。果実も気持ち、硬さを増した感じがした。

「先生、なんだかうまくいってるみたいだねぇ。まだ、追肥もしてないし。これは期待できるかな」

と言いながら、にんまりと笑った顔が輝いた。

結局この年、最後までうどんこ病は発生しなかった。

そして1年のしめくくり、いちご出荷組合の総会を終え、懇親会が始まると、真っ先にビール瓶をひっさげて、この生産者が私のもとへやってきた。まだ席に並べられた食事に箸もつけていないというのに……。

「いやぁ、先生。先生の言ったとおり、肥料が余計だったんだねぇ。びっくりしたよ。うどんこ病が全然出ないんだもの。助かっちゃった。まあ、飲んで、飲んで」

そう言って、何度もビールを勧めてくれた。今度はこっちが、窒素過多ならぬ、アルコール過多になりそうだった。

## 12　イネの根が白黒する

まだ、農業改良普及員になりたての頃だった。水稲の生育調査で田んぼに入ると、後ろから先輩に怒鳴られた。

「こらぁっ！　そんなでっかい足跡ぉつけて、馬鹿たれがぁ！　人様の田んぼをなんだと思ってるんだ。足跡ぉ、消してこいっ！」

確かに、振り返ると、大きな足跡がそこら中に残っていた。

田んぼからあがると先輩から、長靴を脱ぐよう言われた。そして田んぼの入り方を見せられた。なるほど、先輩が入ったあとには足跡というより、刀か何かで地面を切ったような線が残っていた。芸術だった。

それ以来私は、田んぼに裸足で入るようにしている。

先輩のような芸術的な入り方を習得できたわけではないが、裸足で入ることで、根の張り具合、土質の違い、温度の違いなど、1枚1枚の田んぼの違いを足で感じられるからだ。

心無い人たちが、田んぼにいろいろな物を捨てることもあり、うっかりすると足を切ってしまう危険もあるので、今では農家の人でも、裸足で田んぼに入ることはなくなってきたようだ。幸いにして私は、足を切ったことがないので、いまだに裸足で入っている。

中干し前ともなれば、かなり根が張ってきて、田んぼに足を入れると、ブチブチブチっと、根を切っていく感覚が伝わってくる。

ところがそうでない田んぼもある。むしろそうでない田んぼが増えてきたような気がしてならない。

「はじめに」でも書いたが、私が社会に出た頃の埼玉県は米麦二毛作が主で、麦跡の田植えはたいてい6月下旬。遅いと7月に入ってしまうこともあった。中干しは7月下旬、1週間くらい干して、入水すると、穂肥の時期となった。

ところが今では、ゴールデンウィークともなれば、あちらこちらで田植えが始まる。しかも、育苗箱を運ぶのが大変なため、なるべく疎植に植える生産者が増えてきた。それでいて、地域の用水管理の取り決めで、中干しは6月の末から7月の初めにようやく始まる。疎植のため、単位面積あたりの有効茎数を確保するのに時間をかける。そのうえ、中干しは田植え後50日も経ってから始まる。いいかげん根はくたびれているのだろう、田んぼに足を入れても、根の感触があまりなかったりする。

そんな田んぼのイネを引き抜いてみると、根が黒く変色し出している。しかも還元臭（どぶ臭）が強い。

その後の中干しで挽回を図ろうというのだろうが、その頃は、既に幼穂形成が始まっていたりする。これから水が欲しいという時期に、すっかり水を切られてしまう。全くあべこべな管理をして、大きな体に小さな穂をつけ、蒸れた株では紋枯病が上位進展。それでいて、収量が低いだとか、天候が悪かったんだとか、ぼやいている。

しかし生産者は「基本技術」が嫌いだ。一定レベルを超えることができないイメージがあるのだろう。

「普及所の先生は教科書どおりのことしか言わないからな」

「普及所の先生の言うことと、反対のことをやれば、米はとれるんだよ」

若い頃は、よくそんなことを言われたものだ。しかしその当時と比べて、今の埼玉県の水稲の収量レベルが格段にあがったかと言えばそうでもない。そんなに変わり映えがしないというのが実情だ。

その答えを探すために、根の色に着目した。本来、健全な根は赤褐色で、先端が白いはずだ。それが黒変している。

長い間、酸欠状態に置かれた根の末路……、逆に考えると、中干しや間断かん水という技術がいかに優れたものかを物語っていた。

そこで、若い職員の研修を兼ね実験を行った。まず健全な根のサンプルをプラスチックケースにぎゅうぎゅう詰めにし、さらに水を入れて酸欠状態とした（写真14）。４日後の状態が写真15である。

赤褐色だった根は黒く変色してしまった。においを嗅ぐと、あまりの還元臭に思わず顔をそむけた。容器につけた試験紙は２価鉄の反応があったことを示している。

この黒くなった根に、写真16のようにして、水槽用のエアポンプで約半日、空気を送ってやった。するとどうだろう、根はまた元のとおり、赤褐色に戻ってしまった（写真17）。しかも、においをかいでも全く臭くなくなった。

根圏の酸素の有無で根の表面では、様々な化学変化が起きていたことがわかる。イネにとって最も有効な根の環境を用意するために組み立てられた技術、それが中干しであり、間断かん水なのだ。

何故そういう技術が組み立てられているのか、そのからくりを知った若い職員は自信をもって飛び出していく。

「早く植えればいいってものじゃない。地域の水管理にマッチした田植え時期を選択しないと、良いイネは作れない」

写真14　実験開始時の根の様子

写真15　４日後の根の様子

写真16　黒変した根に空気を送る

写真17　元に戻った根

その言葉に触れ、田植時期を今までより遅らせる人が現れた。その年、その人の田んぼの収量調査では、10俵どりが実現した。

# ヨーロッパをエッセイする

## 〜平成7年度改良普及員海外派遣研修・欧州園芸コース〜

### ▪序にかえて

そもそも、最も土俗的で「野人」と称されている私が、ヨーロッパに不似合いなのは誰より承知しているつもりであったが、不思議な時の勢いといおうか、ひょんなことから50日ものあいだ、日本を飛び出すことになってしまった。

始めから終わりまで興奮しどおしの旅であったし、あまりにも映像的なその光景は言葉にするには無理がありすぎて、いつまでも報告書に手をつけられぬまま、時ばかりが過ぎてしまった。

しかし、私の瞼と胸中とに焼き付いたその数々のシーンを、いつまでも独り占めしていては申し訳なく思い、ようやくここに、思い出の記録の一端を文章として残すこととした。

先にも書いたとおり、あまりにも映像的な数々のシーンをお伝えするには、このような報告では無理がありすぎるため、レポートの手法としてあくまでエッセイ風にと心掛け、読者諸氏の関心が呼べるよう努力したつもりである。図表も何も描くことなく、ひたすら文章をもって読者諸氏の想像を掻き立てられることを勝手に期待しつつ、序にかえることとする。

### ▪レンブラント・光と影の芸術

アムステルダムの国立博物館を訪れると、頭が痛くなるほどの宝物の群れに出合うが、中でも最大の見所は、レンブラントの『夜警』である。とてつもなく大きなその絵画は、光と影の芸術として、今もなお、世界中の人々から愛されている。

真っ暗闇な背景の中に蠢く人影。恐ろしいほどの緊張感をたたえて迫ってくるその絵の力。正直言って、この絵一枚で稼いでいる博物館とも言える。しかし、このレンブラントの傑作が生まれた背景こそが、オランダそのものであるということを、滞在期間中に知ることになろうとは！

オランダに滞在したのは研修期間の約半分。その間、本当に晴れた日を見たことがない。「これがオランダの空だ」と言って教えてもらったのは、だだっ広い牧草地の上に大きく寝そべる雲間から、スーッとこぼれる数条の光。

地元の人はこれを、「レンブラント・ライト」「ダッチ・ライト」と呼ぶ。

オランダには光がないのだ。

光と影という切実なテーマを掲げて彼らは生きてきた。

農業も同じ。ダッチ・ライト型温室とは、ゲーテ曰く「もっと光を」という彼らの欲求が生み出した産物であった。そして彼らは、いまだにそれを続けている。温室の天井ガラスは現在幅1m、軒高4・5〜5・0mと、少しでも多くの光を取り込むために改良が重ねられている。究極はドーム型ガラス温室。採光率120%というその温室は、世界のアルストロメリアの主流となっている品種「フラミンゴ」の育成者の所有物だ。そのハウスの中には、さらに補光ランプが備えられているという徹底ぶり。

「日本は光が豊富でいいですね……」という多くの生産者の声に、ふと、日本の空を思い浮かべて苦笑いしてしまった。

## ■週末には奥さんに花束を

とにかくヨーロッパには花屋が多い。

渡欧2日目の9月2日、アムステルダムの中心であるダム広場に陣取って、フラワーパレードを見学したが、その人出の多さには、さらに驚いてしまった。沿道は人また人で溢れかえり、警察のパトカーや日本で言う白バイにまで花が飾られ、世界一のアールスメア花市場から、たくさんの山車（と言っても花で飾られたもの）を誘導してくるのだ。

見学者には全員に、青い目のとっても可愛いお嬢さんが、ガーベラを一輪ずつ配ってくれる。

人種の坩堝とも言えるアムステルダムの街に、花を介して平和を創造しているかのような風景だった。

オランダに住む人の言う、「週末には、奥さんに花束を贈るというのがオランダの習慣。だからオランダで花を買うときは週末がいい。週始めの花は残り物なんだ」。

そしてオランダでは、ガソリンスタンドまで花を売っている。いつでもどこでも花を手にして家に帰れる。そんな心温まる人の暮らしが、オランダの花卉園芸を支えているのかもしれない。悲しいかな日本人の暮らしには、ようやく花を飾るゆとりが出てきたようだが、夫婦や親子、恋人同士の心の架け橋にまではなっていないような気がする。

花を愛する国・オランダは、福祉も世界一とのこと。一考の価値ありと思う。

## ■昼食のアルコールは普及員かて同じ

常識ではあるが、ヨーロッパでは生水が飲めない。研修生の私たちは、ひたすらスーパーに通い「ＳＰＡ」というミネラルウォーターを買い求めて暮らしていたが、埼玉県でも最近少々有名になってきた私の飲兵衛は、ヨーロッパの50日間で本領を発揮してしまった。

食事の時はビールかワインかミネラルウォーター。当然、ビールを元気に注文してしまう私。

ところが、こんなふしだらな私を誰も咎めはしない。なんと、一応役人の肩書をしょった普及員さんたちも、昼食ともなれば、ビールをあおり、ワインをおかわりし、談笑しているではないか！　この習慣、オランダもベルギーもスペインも、みんな同じ。スペインで案内してくれた、バルセロナ大学卒の女性の普及員さんなどは、「こちらのワインはおいしいですか？」とガブ飲みしている。

「普及はノミュニケーション」とかつて先輩から教わったことがあるが、彼らの生活風習に比べたら、まだまだ甘い日本の戯言と、私はさらにもう一杯、ビールを注文してしまった。

## ■「ヨーロッパの貴公子」対「東洋のカサノバ」

オランダのエデ・ワーゲニンゲンという緑深い地域にＩＰＣという、いわゆる農業大学校のようなところがある。

私たちはそこで、1週間コースの研修を受けたわけだが、その最終過程にフラワー・アレンジメントが組み込まれていた。

講師は1985年のワールド・チャンピオンであるヨハン・ハウスマン氏。1995年9月号の『フローリスト』なる雑誌に、「ヨーロッパの貴公子」として紹介されている。

さて、フラワー・アレンジメントなどというものは、所詮、生け花程度のものと高をくくっていた私には、実に実に臍を噛むほど難しい代物であった。ヨハンの華麗な手付きを真似ているうちに、ナイフで親指をピッと切って、せっかくの花が赤く染まってしまう一幕も……。

そんな私がひとつだけ、ヨハンに勝負を挑んだ。「あなたがヨーロッパの貴公子なら私は東洋のスケコマシだ」というギャグである。

どこまで通じるものかと思ったが、通訳さんの見事なこと。「スケコマシ」を「カサノバ」と名訳。私たちはうっとりとしてヨハンの反応を待った。

一瞬の間をついて、ヨハンは腹を抱えて大笑い。私に握手を求めてきた。「東洋のカサノバに会えて嬉しい」と言ってだ！　なんて素敵な人なのだろう。

ヨハンはフラワー・アレンジメントのコツをこう語る。

「いつも夢を描くのです。森があって、そこで遊ぶ子供たちがいる。木陰があったり、広場があったり。そんな夢を物語にしながら作っていってください」

いつも夢を描き、夢を託して形に変えていく。そんな彼の教え方は、知らぬ間に作ることの楽しさを湧き立たせてくれる。

さすがは「ヨーロッパの貴公子！」と、今回だけは「東洋のカサノバ」も完敗してしまった。

## ■普及員って何？

オランダで私たちに経営マネージメントの講義を担当してくれたのはバートさんという、いわば日本の専技（専門技術員）さん。ジーンズ姿にスヌーピーの柄の入ったネクタイという、絶対日本では考えられない出で立ちで、私たちに一生懸命講義をしてくださった。

オランダの普及事業は１９９６年から公的な財政基盤が30％にまでカットされていく現状にあるという。残りの70％は自らの手で稼ぎ出さなくてはならない。

バートさんは普及員という仕事についてこう語る。

「私たちは、農家の人たちがたくさん税金を払えるようになるために、栽培や経営の指導をし、その税金でさらに農業の発展のために仕事をすることを第一の目的としてきた」

実に明快な目的だ。しかし「公的補助が削減されていくと、私たちの仕事の目的もまた変わっていかざるを得ないのかと考えてしまう……」という切実な問題も抱えている。

オランダの農家はどこへ行っても、「コストはいくら?」との質問にはっきりと答えを返してくる。普及員もそう。経営ということをきちっと把握している姿が立派だ。

一方、スペインで終始、私たちの面倒をみてくれたのはサン・ペドロさんという、一風、ゴルバチョフのような顔立ちの普及員さん。日本で言えば、もう普及センターの所長クラスの人である。

そのペドロさんの談。

「昔は農家と普及員との関係が密だった。15年前の自分の仕事を振り返っても、現場が8割、オフィス・ワークが2割だった。現在は逆。部下の仕事を見ていても、現場とオフィスの比率は50%ずつになっている。私は、農家との人間的なつながりを大切にしてきた。人間的なプライベートな相談まで受けてきた。農家は客用の食卓と家庭の食卓を持っている。私はいつも家庭の食卓にあがらせてもらっていた。それが私の誇りなんだ」

スペインの農家は、コストを質問してもほとんどが答えられない。

「コスト? やっていけるんだから、あまり気にしたことはないね、ハハハ」

と笑う。

セリは人間的でないと言って、卸売り業者との相対取引をよしとしている。オランダとは全く違う世界がそこにはあった。

オランダとスペイン、普及員は様々な顔を持っている。ただひとつ、いずこの国でも、具体的な農家の存在を見つめていることだけは共通していた。

## ■新たな産地間競争が始まっている

オランダとスペインの話がでたところで、もう少しこの辺の話題を続けたいと思う。どちらの国も七つの海を越え、遠く日本にまでやってきた歴史的有縁の地であることには違いない。

今、彼らはＥＵ統合という世界的快挙に挑んでいる。通貨統合という夢のような話まで、実現に向けて歩み出した。かつて「大東亜共栄圏」なるスローガンのもと侵略戦争をしていった我が国とは大違いだ。

列車で旅しても、国境を感じることはない。私のパスポートも、日本を出た時と帰国時の印しか押されていないのがその証拠だ。

そのＥＵ統合が生み出したもの、それが新たな産地間競争だ。経済統合・市場統合により、ＥＵ諸国内の物流は実に活発になった。反面、そのあおりを受けて、こんな問題が湧いて出てきた。

ドイツ人曰く。

「オランダのとまとは補光までして作った植物工場の代物だ。スペインのとまとは燦々と降り注ぐ太陽の光でできた新鮮ないいものだ」

先に、「オランダには光がない」と書いたが、スペインは光の宝庫。空港に降り立った瞬間から、私たちの目に飛び込んできたものは、溢れんばかりの光、光、光。

従って、スペインの温室はいまだ丸太を組んだ簡易なものが主流で、ビニールも埃だらけ。遮光に苦労しているというのだ。

こんな天の利・地の利の違いをオランダ人はどう克服しようとしているのか？

「トロストマト」という房ごと収穫し箱詰めしたとまとが市場に出回っていた。光のないオランダがEU諸国に打って出た逸品。房ごと売ることは採りたての鮮度感、ほ場感覚を売ることにつながるという発想。

ベルギーでは、葉物類をポット栽培し、そのまま市場に出荷していた。買っていった人が台所で水をやり、育てる楽しみや収穫する楽しみを得ながら、食卓に並べることができるというもの。

EU統合という快挙の下で、しのぎを削って知恵の勝負に挑んでいる彼らに、ブランド化事業の補助金を分けてあげたい気がした。

## ■楽観主義と悲観主義

ある時、研修先のとある農家で、私たちはこんな質問を投げかけてみた。

「ヨーロッパの人たちと日本人の違いはなんだと思いますか？」

読者の皆さんなら、なんと答えるだろうか？

彼曰く「日本人は何かに出合った時、必ず悪いところを見つけてケチをつける。文句を言う。そして困難に出合うと悲観してしまう。私たちは違います。私たちはいつも、良いところを見つけて学ぼうとします。良いところを見つけて称賛します。困難に出合っても、必ずなんとかなると、楽観主義でいくんです」。

その瞬間、これは図星だと、私たちは実にみじめな日本人になってしまった。

いつも文句を言って、大騒ぎする割には実効を得ない私たちの日常が、遠くヨーロッパの地で思い起こされて、気恥ずかしくなった。

楽観主義の強さ……光がなければ光のある所に行けば良いと、スペインやケニアにすでに土地を購入して経営の準備を始めている農家も多くいた。

これが、海を越えて世界を舞台に歴史を作ってきた民族の血なのかと、我が祖国の成り立ちを考えさせられてしまった。

スペインのとある集出荷所で、出荷コンテナにかたつむりが這っているのを指摘すると、すかさずこう切り返す明るさ。

「かたつむりもおいしいと言って喜ぶほどの良品ですよ！　ハハハ」

そして取り除こうともしない。

かたつむりは彼らの大切な食料ということだが、この気の利いた冗句を、果たして日本人が発することができるだろうか？　指摘してしまった私たちの方が、やっぱり「悪いところを見つけてケチをつける」日本人の証明をしてしまったようだ。

## ■ああ我が鎖国・ニッポン

ヨーロッパ園芸コースの最大の魅力は、なんといっても土日の休日を利用したプライベート旅行である。とは言っても、私たち一行は、この土日の旅行で体力を使い果たし、研修にほとんど支障をきたしていたのだが。

私の旅は、くまなく滞在地をものにするということに主眼をおいたので、研修先のオランダ、ベルギー、スペインのほかはウィーンへの遠出のみであった（研修生の多くはイギリス、フランス、ドイツ、スイス等を制覇することに命を懸けていた）。しかし、この土日におけるほとんど「ひとり旅」こそが、今回の研修で最も衝撃的な出会いの連続だったことを付記しておきたい。

足の裏にマメを作るほど歩くことの多い旅ではあったが、そこには、日本とはまるで裏腹な世界、「野人」である私にとってこそ、最もフィットした世界があったことに感銘を受けたものである。

まず第一に、広場の多いこと！　特に市庁舎と呼ばれる所は、どこへ行っても広場に面しており、住む人、訪れる人の憩いの場となっていた。

ベルギーはブリュッセルのグランプラス（ビクトル・ユゴーが世界一美しい広場と讃えた）、アントワープはノートルダム寺院（『フランダースの犬』の舞台となった）そばのマルクト広場、ブルージュのカリヨンを背景としたマルクト広場等、いずこもカフェテラスが並び、絵を描く人、売る人、花を売る人、ブラスバンドに合わせて踊る人などなど、それはそれは賑やかで楽しいお役所前の光景がころがっていた。ウィーンの市庁舎前広場では、なんと、サーカスをやっているではないか！

いつも所属と目的を明かさなければ車も入れられない、日本のコワーイお役所とはわけが違う。休日でも市庁舎は、見学できるように開放されているのだ。

第二に、大道芸への人々の反応。とにかくどこへ行っても音がある。人の輪ができている。これがヨーロッパの顔だ。ヴァイオリンを弾く人、ギターを奏でる人、ハープを爪弾く人、バラライカを響かせる人。操り人形からパントマイムまで、道行く所、楽しさがいっぱいである。が……、我が国ではどうだろう。そもそも大道芸など、仕事もしない若者のお遊び程度にしか思われていない。

ところが彼らは違う。買い物袋を提げたおばさんが立ち止まり、チップを投げて拍手をしている。そんなおばさんにつられて、また立ち止まる夫婦がいる。いつしかアンコールやリクエストまでして、大きな輪ができ、青空コンサートといったふうになってしまう。良いものは良い。それが彼らの生き方だ。人がどう評価しようがそんなことはおかまいなし。そのかわり、悪いものには見向きもしない。

私もウィーンでヴァイオリンとチェロの二重奏（モーツァルトの『レクイエム』だった！）を奏でる学生らしい2人に、そっとチップを投げ入れた。

そしてなんと言っても大感動だったのは、ウィーンのパスクラティハウスを訪ねた時だった。

ここは、かの楽聖ベートーヴェンが住み、交響曲第4番・5番・7番を作曲したところとして知られている。

見た目は普通の団地の建物。白い壁に小さな看板がパスクラティハウスの存在を示しているが、入り口がどこなのかもわからない。

たくさんの人が部屋を借りて住んでいる様子で、暗くて狭い螺旋階段を見つけ、不安になりながらも上って行くと、ようやく4階にその所在を見つけることができた。

当時の面影を残すものとして、ベートーヴェンが使っていたピアノとライフマスク、直筆の楽譜が展示されているだけの部屋が三つ。

入るなり「ノー・タッチ、ノー・フラッシュ」と丸顔の恐いおじさんに指摘された。

さすがは由緒あるところだと、神妙に見学していたが、私の心がいつまでも神妙でいられるはずがない。なんと言っても、あの！　偉大な、尊敬すべきベートーヴェンがここにいたのだ！　彼の弾いたピアノがここにあるのだ！

私は声高に「すごい、すごい」と連呼。「これが、あのベートーヴェンのピアノなんだ！　うわぁ、うわぁ」と大騒ぎ。

さっきの恐いおじさんも、とうとう心配になってか、私たちのあとをつけてきた。しかし私はお構いなしに騒いでいる。するとそのおじさん、今度はあれを見ろ、これを見ろと始まった。そしてとうとうひと回りした挙句に、私の手をとって（この時私は、指を詰められるのかと思ったが）ピアノの蓋をあけ、な、な、なんと、あのベートーヴェンのピアノに触らせてくれたではないか！　私の指には、きっと、ベートーヴェンの時代からあったであろう「埃」がべったり。

ほとんど失神状態に近づいている私たちに、今度はそのおじさん、カメラを貸せと言う。

私たちが「ノー・フラッシュ」とやり返すと、口元に人差し指を立てて、「シーっ」と言う。そして、思いっ切りフラッシュをたいて、記念撮影をしてくれたのだ！

心には心で、いや心には態度で応える彼らの気風。私たちはその時、本音と建て前をことさらに強調し、結局、建て前で世の中を切り盛りしてしまう、私を含めた日本人に、チョンマゲ姿を見た気がした。

感動は伝染するのだ。そして感動は心を結ぶのだ。

しかし、日本で私がこんな態度をとったら、きっと初めは「お静かに」と言われ、次には、「触らないように」としつこく注意され、最後の最後までマークされまくって、しまいには、部屋からつまみ出されてしまっただろう。そして私が去ったあとまで文句を言われ続けるのがオチだ。

ベートーヴェンを守り続ける人は、やはりベートーヴェンのように、利害を超えた心の芸術家であり、役人根性丸出しの監督者ではないのだ。

街角で絵を売る人と握手をした思い出。食堂車の中で、スペイン語の「おいしい」という言葉を「デリッシオーソォ」と何度も教えてくれた見ず知らずのおばさん。地下鉄の回数券の買い方がわからない私たちに、「英語が話せますか？」と駆け寄ってきて教えてくれたスペインの髪の長い女性。小銭がないと言ったら、「料金はいらない」と言ってただで路面電車に乗せてくれた運転手さん。どこをとっても百点満点、素晴らしい世界が満ち満ちていた。

彼らの平等観は世代間にまで及ぶという。この世に生きていること自体が平等なのだ。だから、建て前や心にもない礼儀は彼らにとってなんの魅力もないことなのだろう。一歩下がっておじぎをする日本人。目上の人には慎重に……、立場が上の人には神妙に……。

ところが、スペインはカタロニア州の農林水産大臣は、当地で「カバー」と呼ぶ、特産のスパークリングワインを私たち研修団一行にご馳走してくれたうえ、是非このワインを日本でも有名にしてほしいと、人懐っこく語る。1キロもある重たいカタロニアのガイドブックを全員に記念にくださり、「皆さんの旅が良い旅でありますように」と手を振ってくれる。大きな声で「うまい！」と言っても、全然無礼ではない。

ヨーロッパの普及事業を総括するセプファーと呼ばれる組織に嘱託でいるハードさんは、研修の休み時間に「コミュニケーションがしたい、英語がしゃべれますか？」と駆け寄ってくる。

この解放的そして開放的な人格の集まりこそが、ヨーロッパをしてEUという巨大な勢力結集へと向かわせているのだと、つくづく感心してしまった。

それに比べて我が国は……。

やっぱり敷居が高く、裃をつけて「殿」「ハハァ」と頭を下げなければ、話が進まないように思えてならない。

高速道路に料金所がなく、駅に改札がなく、レストランにレジがないヨーロッパ。

日本はいまだに関所だらけの世界のようだ。たくさんの関所に監視され、チョンマゲを結った殿様に気を遣い、悪いところばかりを見つけては足をひっぱりあう国民性。

50日間の滞在で、22名の研修団一行が口を揃えて発したのは、「島国根性のニッポン」「精神の鎖国状態・我が祖国ニッポン」ということだった。

明治維新で文明開化したはずの我が国だったが、実はまだ、幕藩体制の下で主従関係をよしとして生きていたことに、皆、目を開かれた思いがしていた。

そして「野人」であるはずの私でさえその1人であったことに、愕然としてヨーロッパをあとにしたのだった。

## ■エピローグ

「ヨーロッパをエッセイする」などという、ふとどきな文章を綴ってきたが、きりがないことに気づいたので、とりあえずこの辺で、ピリオドを打っておきたいと思う。

話は尽きないほど多く、ここにひとつずつ研修内容まで盛り込んだら、紙面がいくらあっても足りないし、そろそろ読者諸氏もうんざりしてきた頃だろうと思う。研修の詳細は「普及協会」の方から、また分厚いお決まりの報告書が出されるので参照されたい。

また職員協議会の方で、今度は映像を主に、報告させていただく機会もきっとあるだろうと勝手に思っているので、とりあえず、思いつくままに印象深い思い出をここに紹介させていただいた。

「泰平の　眠りを覚ます　上喜撰　たった四杯で　夜も寝られず」

という狂歌があったが、いまだ世界の中の日本はこの状態にあると思う。

かつて、黒船を見て「やっつけろ」と言って躍起になった日本人と、「あれに乗りたい」と言って開国に立ち上がった、ふた通りの日本人がいた。

結局、新しい日本の夜明けを創ったのは、後者の方だった。

私は、日本人の気質そのものは、いまだ悲しいほど変わらないと実感しているが、願わくは、後者のような楽観主義者が多く生まれるよう、特に若い後輩諸氏にこの研修への参加を強く呼びかけるとともに、先輩方に、そうした配慮を多くしていただけるようお願いし、ペンを擱きたいと思う。

※１９９５年記。２０２０年現在、この研修はなくなっている。残念！

# 13 ウマの先生と呼ばれて

１９９０年は午年だった。

この年から、埼玉県とミナミキイロアザミウマの長い付き合いが始まった。そして午年に出てきた害虫なので、いつしか生産者の皆さんは「ウマ」と呼ぶようになった。

とはいえ、何がウマなのか、体長1～２㎜のこの虫を、肉眼で確認できる生産者は少なかった。

「先生、うちにはいるかい？」

「ああ、いましたねぇ」

「どれどれ、どういうんだい？」

「これですわ、これ」

そう言って、ルーペを覗かせる。そんな日が来る日も来る日も続いた。いつしか私が行くと、「ウマの先生が来た」と言われるようになった。

１９９０年と言えば、まだきゅうり・なすの産地に来て2年目、きゅうりの「き」の字もなすの「な」の字もわからない、なんとも頼りない、あてにならない「普及員」の代表だった。

ところがミナミキイロアザミウマは、長年きゅうりやなすを作ってきた誇り高き生産者たちでさえ、見たことも聞いたこともない害虫だった。どんなに頼りない「普及員」でも、頼るところはここしかなかったのだろう、私にとっては「おウマ様さま」だった。

それにしても不思議なものだ。高知大学の2年生の時だったと思う。昼めしをよく食べに行く喫茶店で、地元の高知新聞を手にした時、1面に大きく「ミナミキイロアザミウマ発生」の見出しが躍っていたのを記憶している。当時は、害虫が発生したくらいで新聞の1面を飾るなんて、ローカルだなぁとしか思わなかった。しかしそれから時を経ること8年、今、目の前にその虫がいて、生産者は出荷停止の恐怖に怯えている。名ばかりの「ウマの先生」で終わるわけにはいかなくなってしまった。

試験場の先生と連携した。現場にも来てもらった。研修会も開いた。

対策は？　25℃で卵から成虫になるまで約2週間。卵は葉肉内部に産み付けられるため、薬がかからない。蛹は土中に潜むため、薬がかからない。薬で幼虫や成虫を殺せても、また3日もすれば、卵から幼虫がかえり、蛹から成虫がかえって、食害が進んでいく。

今日、薬をまいたら3日後にまた散布、そしてさらに7日後に薬をまいて様子を見る。被害が止まらなかったらこれを繰り返す。名付けて「追いまき法」と言うのだそうだ。試験場の先生のこのご教示に従って現場の指導を徹底。薬は当時、「ウマ」の特効薬とされていたボルスタール乳剤（現在登録失効）を中心に、あらゆる殺虫剤を防除体系に組み込んだ。

「ボルスタールばっかり使っているのがあからさまになると、この産地はウマが出てるって、ばれてしまってヤバくないですか？」

そう当時の経済連（現・全農さいたま）の担当者に聞いたことがある。

「そこは、うまくやってますから」

そんな返事が返ってきた。

良かれ、悪しかれ、産地にかかわる関係者が一丸となって「ウマ」と向き合っていた。

それでも「ウマ」の勢いは止まらない。

1991年1月、きゅうりの生産者10名と高知空港（現・高知龍馬空港）に降り立った。予約していたタクシーに乗るなり、ラジオから湾岸戦争勃発のニュースが流れてきた。1泊2日で高知県のきゅうり栽培を視察しに来た矢先の出来事だった。

帰りの飛行機に乗るまで、十分時間があったため、生産者の皆さんから「先生の母校がだ。

「そこにあるんじゃや、寄ってこう」と言われ、立ち寄ることになった。

高知大学農学部（現・農林海洋科学部）のキャンパスは空港の目の前に広がっているのだ。

生産者の皆さんに校内を案内したり、お世話になった先生にご挨拶したり、そんなことをしながら、少しだけ時間をいただいて、一人、応用昆虫学の先生のもとへ足を運んだ。

「ウマ」の先進県だ。何か、対策のヒントが得られるかもしれない。そう思って訪ねてみた。いくつか、現地で使用されている農薬を紹介されたが、これだ！　と思うような知見は得られなかった。がっかりした顔をしていたのだろう、私の様子を見ていた先生がおもむろに二つの文献を取り出してきて言った。

「こんな研究もされているよ」

ヒメハナカメムシという天敵の存在に出合った瞬間だった。そしてこの虫との出合いが、陰に陽に、その後の私の技術屋としての歩みを支え続けてくれることになった。

帰りの飛行機の中で、この文献を読んだ。岡山県の農業試験場で研究をされていた永井一哉先生の成果だった。

ヒメハナカメムシがミナミキイロアザミウマを捕食する……そんなことが果たしてあるのだろうか？　そもそもそんな虫が、埼玉県にいただろうか？　見たことも、聞いたこともない……。

高知県を視察した唯一の手土産として、私はこの文献をコピーし、上司に報告した。なんの反応もない、いやぁな空気が流れたあとに、上司の目が語っていたのは「所詮、学者の絵空事」ということだった。

その後、当時の埼玉県園芸試験場（現・埼玉県農業技術研究センター）の成果発表会に出席した時、あの二つの文献と同じ内容の試験成果を聞くことができた。

ヒメハナカメムシ……間違いない、農薬によって排除され、ミナミキイロアザミウマだけが繁殖してしまうというからくり。埼玉県でも再現可能な技術なのかもしれない。そう思った。私は生産者のほ場に入るたびに、ヒメハナカメムシを探した。しかし見つからない。気づけば、露地なすの防除暦には延べ50剤を超える農薬が記載されていた。にもかかわらず、埼玉県のなすの作付面積は10年間で半減してしまった。

## 14　穴ぼこだらけのなす

「先生、こいつ、持って帰んなぃね」

露地なすの生産者が、収穫したなすが入った肥料袋を指差して言った。

「そんな、もったいない、ちゃんと売ってくださいよ」

「いいから、事務所でわけたらよかんべぇ、どうせ売れやしないんだから」

「売れないって、このなすが？」

「はん、先生、売れるもんなら、売ってみな、これだでぇ！」

と、袋からなすを取り出すと、どれもこれも穴があいていた。割ってみると、そこにはみな、ハスモンヨトウの幼虫がいた。

「これじゃ、売れなかんべぇ」

浸透移行性のあるネオニコチノイド系殺虫剤「アドマイヤー」の登場で、「ウマ」に対する防除が幾分、楽になってきた頃だった。

ハスモンヨトウ……卵は卵塊として産み付ける。その数、1卵塊に400～500個、多いと700個にも達するようだ。そこから幼虫が一斉に孵化して食害を始める。気がつけば葉はスカスカにされている。3齢を過ぎるとコロニーを形成していた個体が分散していく。蛹は土中。農薬が効くのは分散前の3齢幼虫まで。なんともやっかいな害虫が出てきたものだ。

別に今までいなかったわけではない。私が学生時代に学んだ応用昆虫学の教科書にもちゃんと出てくるし、確かメソミル（ランネート）が特効薬だと書いてあった記憶がある。今では全く効果を失っているのだが……。

しかしそんなに問題になってはいなかった。というより、ハスモンヨトウの防除について、現場で対応したことなど一度もなかった。

よりによってそのハスモンヨトウが、なすの実に入り込もうとは！　しかも調べてみるとこの生産者だけではない。部会員全体の問題だった。まだ「ウマ」の対策も道半ばだというのに、今度はハスモンヨトウか……。

私は気落ちしながらも、頼るべきは試験場とばかりに、足を運んだ。

早期発見、早期薬散……が答え。

しかし、次から次へと発生するハスモンヨトウに早期発見も何もなかった。

1990年代、なすは埼玉県の夏を代表する稼ぎ頭の野菜だった。トンネルをして4月中下旬に植えれば、霜が降りる11月頃まで収穫ができ、収量も10ａで12ｔくらいとれた。平均のキロ単価も３００円前後だったため、露地野菜の中では、非常に高収益で、新規就農を希望する人にもよく勧めたものだ。

それが「ウマ」にやられ、今またハスモンヨトウにやられ、後日談になるがさらにマメハモグリバエにやられ、オオタバコガにやられ……、次から次へと害虫の被害にさらされていった。

ハスモンヨトウ入り、穴ぼこだらけのなすをいただいたのが１９９３年。翌１９９４年は早期発見、早期防除を徹底するために、露地なすのほ場に足繁く通った。しかし見つかるのは「ウマ」ばかり。やがてハスモンヨトウを見つけるが、そうなったらもう手遅れだった。農薬で全てを殺せるわけでもない。やがて様々な世代が混在するようになり、いつが早期なのか、わからなくなってくる。結局この年も、なすは穴ぼこだらけになった。そして私の心にも穴があいたまま、異動の辞令をもらうことになった。

１９９５年、新しい赴任地は本庄市。埼玉県の北のはずれに位置する野菜の産地だ。農協の出荷場には、露地野菜から施設野菜まで年がら年中、野菜が並ぶ。長ねぎ、ブロッコリー、やまといも、はくさい、きゃべつ、ほうれんそう、ごぼう、レタス、カリフラワー、えだまめ、きゅうり、なす、とまと、いちご、スイートコーンに赤じそまであった。きゅうり、なす、いちごくらいしか野菜がなかった前任地に比べ、ここはまるで八百屋のようだ。もしかしたらハスモンヨトウに関しては、こっちの方がはるかに大変な問題かもしれない……そう思った私は、ねぎを作っているある農業委員さんに尋ねてみた。案の定、「そりゃ、大問題だぁ。なんだって、食っちまうんだから」との答え。

ここから大規模な、ハスモンヨトウの捕獲作戦が始まった。1996年1集落、1997年2集落、そして1998年からは本庄市全域42集落、約1000haに、ハスモンヨトウのフェロモントラップが設置された。フェロモン剤は県と市の補助を得て、トラップは経費節減のため、ペットボトルをリサイクルして生産者が手作りした。

この手作りトラップによるハスモンヨトウ捕獲作戦には、多くの関心が集まり、新聞取材や雑誌への投稿、さらにはTV出演のオファーまであった。

いつもきたない作業着を着て出勤する私を怪訝そうに見ていた近所の奥様方も、TVを見たと言っては大盛り上がりで、「いい仕事してるじゃない!」と褒めてくださった。

本庄市の隣、上里町の八丁河原へと続く新井という集落の畑では、出耕作のやまといもと地元生産者の契約はくさいが所狭しと育っていた。秋、やまといもの収穫が近づき落葉し始める頃、はくさいが結球を開始する。この時、やまといもの畑に潜んでいたハスモンヨトウが一斉に大移動を始める。向かう先ははくさいだ。せっかく結球し始めたはくさいの中へ、ハスモンヨトウが入っていく。1個いくらの契約なのに売り物にならなくなる。はくさいとやまといもの生産者間で紛争が勃発する。出耕作のやまといも生産者は仕方がない、畑の周囲に簡易のフェンスを設置してハスモンヨトウの移動を物理的に制限しようと努力する。そんな集落の耕地にも、フェロモントラップが設置された。それは、それは、皆、喜んだ。

「いいことをしてくれた、おかげで被害が少なくなった」

そう言ってくれる生産者が多かった。

しかし、本当にそうだろうか？　確かにトラップに雄成虫はたくさん捕まった。これを見れば、随分と被害を抑えてくれているんだと、誰もが思うに違いない。しかしそれは、大きな間違いだった。

# 15　トラップにかかった先生

ある日、事務所に電話が入った。私あて。

「今、本庄でやっているハスモンヨトウの取り組みを見せてほしい」ということだった。電話の主は、埼玉県園芸試験場（現・埼玉県農業技術研究センター）の根本久先生。あの、ヒメハナカメムシの研究成果を発表していた先生だ！

ハスモンヨトウ捕獲作戦に、事務所も生産者もメディアもご近所までも、大フィーバーの最中、一人成果を危ぶんでいた私のもとに「蜘蛛の糸」が降りてきた気がした。今にして思うと、あの大仕事の中で最も大きな収穫は、ハスモンヨトウがトラップに入ったことより、この根本先生が「トラップ」にかかったことだ。

聞けば、根本先生のもとに、埼玉であんなことを始めて大丈夫なのか……？　という研究者の方々からの問い合わせがあったようだ。

根本先生から、トラップの評価手法として二つの方法を提案していただいた。

ひとつは、ハスモンヨトウの処女雌を使って交尾率を調べる「つなぎ雌」という手法。

もうひとつは、本庄市中に散在するさといも上の卵塊および幼虫コロニー数の調査だ。

「つなぎ雌」は野鳥が活動をやめる日没を待って、ハスモンヨトウの処女雌を糸でつないだ支柱を畑に立て、日の出前に回収し、交尾率を調べるもの。市内3カ所に設置して、調査を行った。

結果は、最も少ないものでも50％強、多いと交尾率は70％を超えていた。

今仮に、雌成虫10頭のうち5頭が交尾しそれぞれが400個ずつ卵を産んだら、2000頭が孵化する計算だ。その生存率が10％だとしたら、200頭が親になる。雄雌性比が1：1だとすると、100頭は雌成虫だ。この時点で雌成虫は10倍に増加している。50％の交尾率の場合、生存率を常に1％以下に抑えないと、雌成虫の数は自ずと増えてしまう。ただしこれは、雌成虫が1回しか産卵しなかった場合である。

では交尾率70％の場合どうだろう。

交尾した雌成虫は7頭。400個ずつ産卵して2800頭孵化予定。生存率1％でも28頭が生き残る。雌成虫はその半分、14頭、結果2倍に増えている。この場合、生存率を常に0・5％以下に抑えないと、雌成虫は増える一方なのだ。

ハスモンヨトウの生存率を0・5％以下に抑える？　そんなことが可能なのだろうか。

大仕掛けの捕獲作戦をやったはいいが、逆にとんでもない壁がはっきりと見えてしまった。

そんな私に希望の光を与えてくれたのは、もうひとつの評価手法である、さといも上の卵塊および幼虫コロニー数調査だ。

10日に一度、本庄市の東から西へ、北から南へと、あそこのさといも、こっちのさといもと、さといもを見つけては、ハスモンヨトウの卵塊および幼虫コロニー数を調査した。

ここで私に希望の光を与えてくれたのは何だったか。決して、卵塊および幼虫コロニー数が少ないなどということではない。

天敵という存在を本気で意識することができたからだ。

忘れもしない、初めて根本先生のあとについて調査を行った日。

さといも畑を移動する途中、インゲンマメに出くわした。そこにはしっかりとハスモンヨトウの卵塊が産み付けられていた。

私は、ここから孵化した数百頭の幼虫が、インゲンマメの葉をスカスカにするまで食べつくす姿を思い浮かべていた。心の中で「あーあ、やっちまった」と思ったその時、

「うん、大丈夫、10日たったらなくなってるね」

と根本先生が言うではないか。

耳を疑った。さらには、この先生を疑った。何を言ってるんだか……？

すると先生は卵塊を指差してこう言った。

「見てみて、ほら、ここにヒメハナカメムシがいる。こいつらが、卵をみんな食べてくれるから大丈夫」

えっ、ヒメハナカメムシ？　どれが？　私がいくら探しても見つからなかったあの虫がいるというのか！

先生の指先には、確かに、体長２㎜ほどの、ゴキブリの子供のような色をしたカメムシがいた。

「こいつらは、アザミウマだけじゃなくて、アブラムシでも、こんなガの卵でもエサにするんだ。花粉も大好きなカメムシだよ」

根本先生は目をキラキラさせてヒメハナカメムシを見つめていた。

「ああ、やっと出合えた」という感激の気持ちとは裏腹に、どうしても卵が「10日たったらなくなってる」というのが信じられなかった。

根本先生には申し訳ないが、10日後に内緒で見にきて、証拠写真を突き付けてやろうと思った。

その10日後。遠くから見たインゲンマメは、前に見た時とほとんど変わった様子がなかった。確かここにあったはずの卵塊は……？

ない！

どこにも見当たらなかった。信じられなかった。場所を間違えたのではと、何度も確かめた。間違ってはいない。そして、いくら捜しても、ハスモンヨトウの卵塊は見つからなかった。まして幼虫の姿など、見つかるはずもない。そんな私の前に、ひょっこりと現れたのは、ヒメハナカメムシだった。

次に根本先生が調査に来たとき、その話をした。先生はニンマリと満足そうに微笑んだ。それから、さといもの調査のたびに天敵について教わった。

なんと、なんと、こんな身近にたくさんの天敵がいた。テントウムシだけでも、ナナホシ・ナミ・ヒメカメノコ・コクロヒメの4種類。卵の産み方が違うクサカゲロウ。クモにも徘徊性と造網性の違いがあること。またヒラタアブやハダニバエの幼虫、ハダニアザミウマも知った。寄生蜂にも出会った。ここは天敵天国か！　今度は「ウマ」とハスモンヨトウしかいなかったあのなす畑が不思議に思えてきた。

## 16　ハスモンヨトウの天敵見つけた

さといも畑の調査は続く。

ある日、雑草がまばらに生えた休耕地に、ハスモンヨトウの大群を見つけた。「なるほどこうやって、民族の大移動のように、畑から畑へと移動していくのか」などと感心してカメラを向けていると、白いかびが生えたハスモンヨトウを見つけた（写真18）。

畑の持ち主がヤケを起こして、何かぶっかけたのだろうと思った私に、根本先生が嬉しそうに言った。

「そうそう、この白いかびが、そのうち緑色になると胞子が飛散してうつっていくの」

探してみると、結構、見つかるものだ。「緑きょう病」というらしい。低温多湿を好むとのこと。ハスモンヨトウも病気になるという。なるほど、秋雨の早い年によく見かけるようになった。

またこの畑には、うようよと、茶色いクモがたくさん徘徊していた。こうした徘徊性のクモ類に幼虫コロニーを壊されると、集団攪乱といって、ハスモンヨトウの若齢幼虫は生存できなくなることも知った。

またある時、職場の後輩とさといも畑で調査をしていると、

「せ、せ、先輩！　た、た、大変っす、ハスモンが、ハスモンが……ああっ！」

さといもを挟んで、向こうとこっちで会話をしている。何が起きているのか、私にはさっぱりわからない。

「どうしたっ？」

「アシナガバチが、ハスモンを団子にして、行っちゃいました」

「何っ！」

もう遅かった。向こう側に回り込んだ時には、アシナガバチは飛び去ったあとだった。ただ、後輩だけが興奮してそこに佇んでいた。

穴ぼこだらけのなす以来、ハスモンヨトウの天敵なんて考えたこともなかった。しかしこうして現場を歩いていると、どうもハスモンヨトウが無敵でないことがわかってきた。

さといもの葉に不思議な繭がついていた。どう見ても、ハスモンヨトウの幼虫から抜け出して、繭を作ったとしか思えない。事務所に持ち帰って、シャーレに入れておいた。

何日かすると中から蜂が出てきた。タバコアオムシチビアメバチという名前を持った、立派な寄生蜂だった（写真19）。この寄生蜂にはその後、いちごの産地や有機農業の現場

で何度もお目にかかった。

何年か後にハスモンヨトウが多発した大豆のほ場を訪れた時には、また別の寄生蜂に出会った。この蜂にもギンケハラボソコマユバチ（写真20）という立派な名前がついていた。オオタバコガにも寄生するらしい。

極めつけは卵寄生蜂との出合いだ。あの400〜500個もの卵を毛で覆って、何も寄せ付けないふうを装っているハスモンヨトウの卵塊から、小さな黒い蜂が次から次へと羽化してくるではないか！ どうやらタマゴクロバチの一種、*Telenomus nawai*（写真21）という寄生蜂らしい。

こうなってくると、ハスモンヨトウの天敵探しがやめられなくなってくる。他にはどんなものがいるのか。

捕食性天敵にクチブトカメムシ（写真22）というのがいることがわかった。いったい彼らはどこにいるのか？

次の異動先で、スズメガのでっかい幼虫を食べるカメムシがいるとの情報を得た。

「それだ！」

見つけたら即、捕獲して連絡をくれるよう頼んだ。待つこと2年、ようやく会うことができた。この種のカメムシとして、他にシロヘリクチブトカメムシ（写真23）も見つける

写真18　緑きょう病に感染したハスモンヨトウ

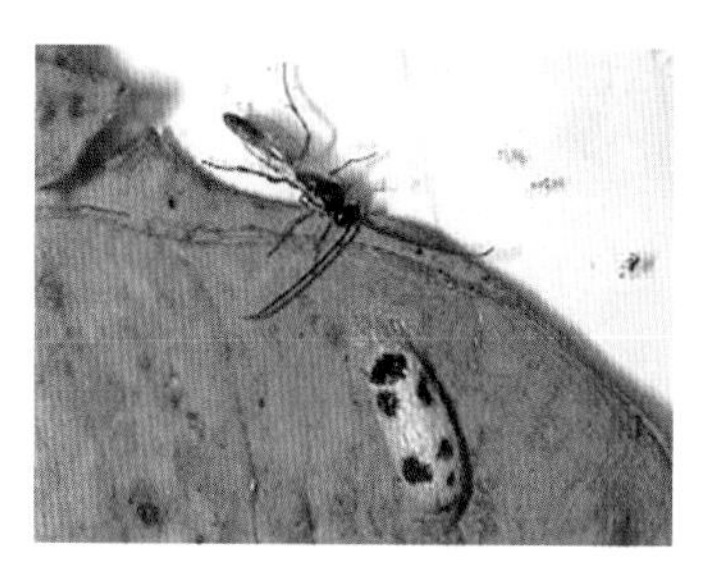

写真19　タバコアオムシチビアメバチ

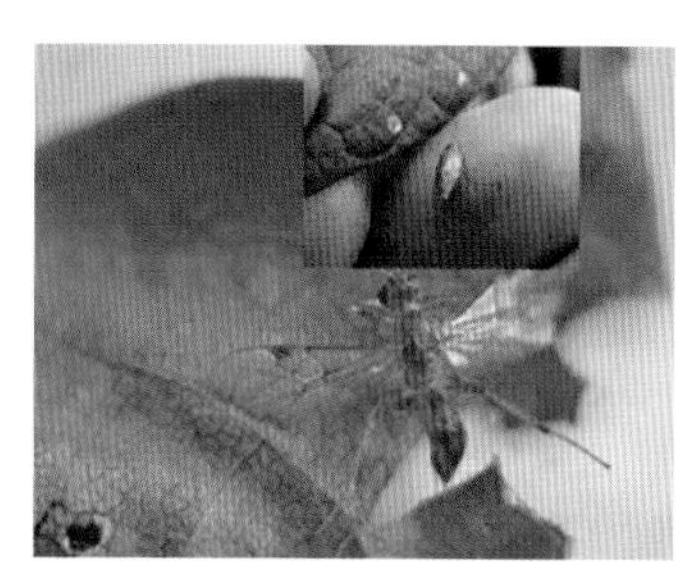

写真20　ギンケハラボソコマユバチ

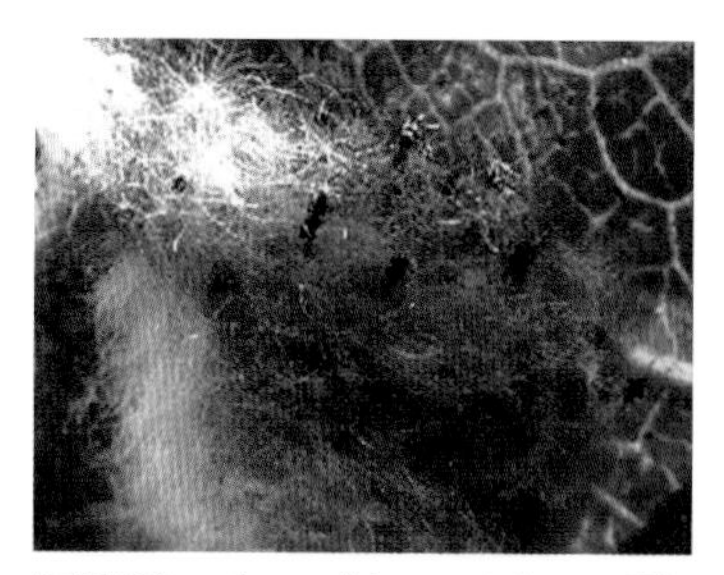

写真21　タマゴクロバチの一種、*Telenomus nawai*

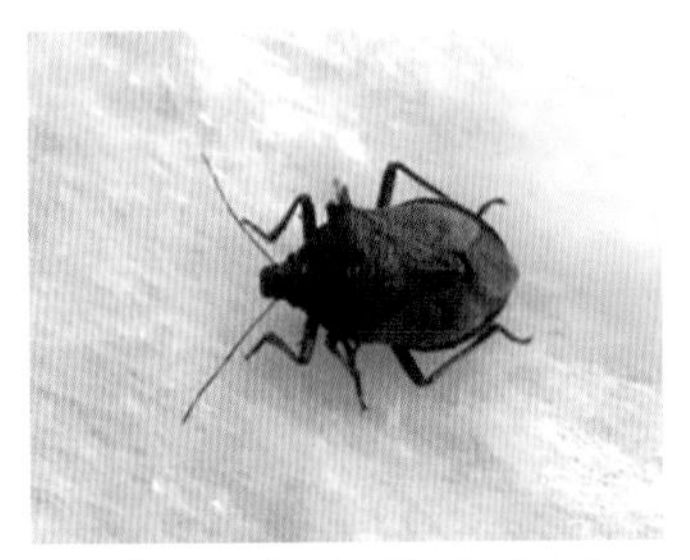

写真22　クチブトカメムシ

写真23　シロヘリクチブトカメムシ

写真24　核多角体ウイルスで死んだハスモンヨトウ

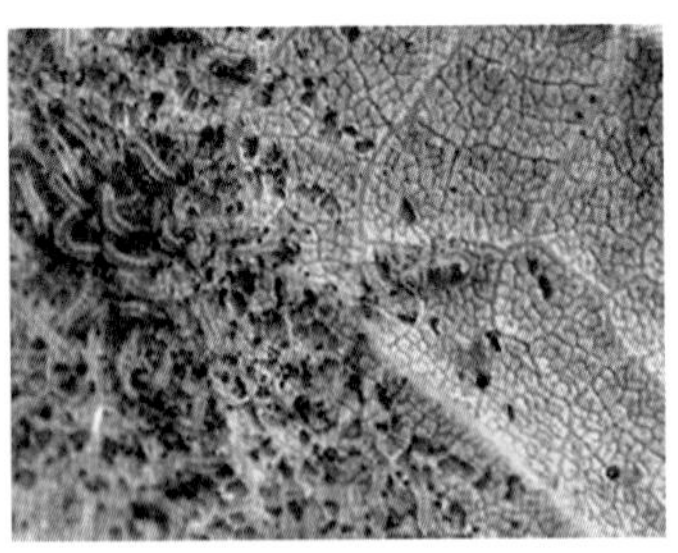

写真25　ハスモンヨトウを捕食するヒメハナカメムシの幼虫

ことができた。

それからさらに時がすすむと、ハスモンヨトウの核多角体ウイルスを製剤化した「ハスモン天敵」の現地試験をやることになった（写真24）。

なんのことはない。ハスモンヨトウにはこんなにも天敵がいたのだ。それなのに、何故、あのなすの畑では見つけることができなかったのだろう。

天敵がいるのが自然なのか、いないのが自然なのか、その答えは天敵温存型防除に取り組んでみて、はっきりとわかった。

そして、根本先生とさといも畑を歩き始めてから7年後、私はなすの葉の上で、ハスモンヨトウのコロニーに果敢に挑み、幼虫を捕食するヒメハナカメムシをカメラに収めることができた！（写真25）

# 17　天敵温存型防除に取り組んで

１９９９年９月30日に二つのなす畑で写真を撮った（写真26及び27）。少し離れてはいるが、お互いの畑からそれぞれを見ることができる、同じ耕地のなす畑だ。

この２枚の写真には随分と働いてもらった。私にとってかけがえのない写真だ。研修会や講演のたびに、この２枚の写真をお見せしてはこう聞いたものだ。

「どちらのなすが、農薬をたくさん使っているでしょう……？」

参加者の誰もが下側の写真27、青々としたなすの方に手をあげる。

私はしてやったりと、心のなかでほくそ笑み、たねあかしをする。

「実は……、皆さんが農薬をたくさん使っていると手をあげた方は、殺虫剤が６剤、そうでない方は、その倍の12剤でした」

誰もが狐につままれたような顔になる。

しかしこれもおかしな話である。この頃の露地なす栽培では、すでに防除暦に延べ50剤を超える農薬が記載されていたのだから。結局、上側（写真26）のなすだって、農薬散布

写真26　1999年9月30日、大被害を受けていた露地なす

写真27　1999年9月30日、健全な生育の露地なす

が足りなかったんじゃないか……という疑問が残る。

そこで今度はグラフ（図4及び図5）を見てもらう。

上側の写真26は、マメハモグリバエによる被害が大発生したものだ。図4を見ると8月末から9月末までの1カ月で、食害痕が急増しているのがわかる。実際に畑に入ってみると、落葉が著しく、このあとの収穫はほとんど見込めなかった。しかもその時、天敵となるヒメコバチは全く観察されなかった。一方、被害がなかった写真27のグラフ（図5）を見ると、同じ時期に食害痕は増加傾向を示すが、ヒメコバチも増加し、食害痕の数は一定レベルに抑えられている。この違いはいったいどこから生じたのだろうか。

図4にも示したが、食害痕が急増してしまった写真26の畑では、8月中旬と9月中旬に非選択性の殺虫剤を散布していた。おかげで天敵は撲滅し、全く農薬に感受性がないマメハモグリバエだけが大繁殖して、このような姿になってしまったのだ。

この二つのグラフは、この年、市内50戸の露地なす生産者が取り組んだ、天敵温存型防除の調査結果の一部だ。

表4は当時、天敵温存型防除をすすめるにあたって生産者に示した暦である。

延べ50剤の農薬を並べていた防除暦から一転、天敵温存型防除では、使う農薬は延べ5剤と、わずか10分の1。これはいったい、どういうわけか？

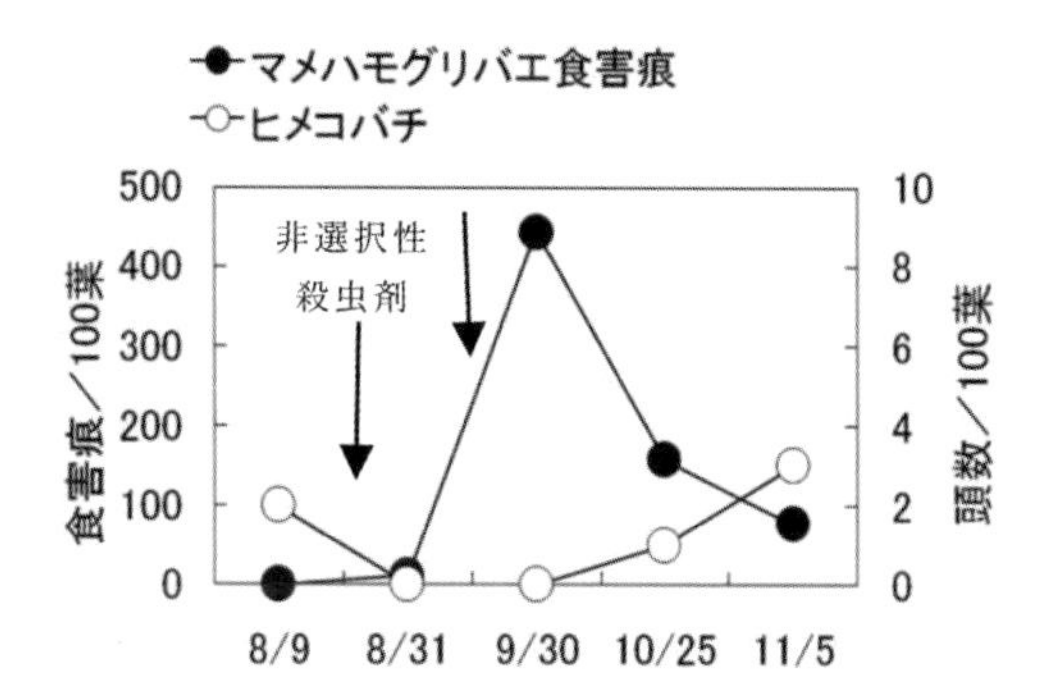


図４　写真26のマメハモグリバエの食害痕とヒメコバチ頭数の推移

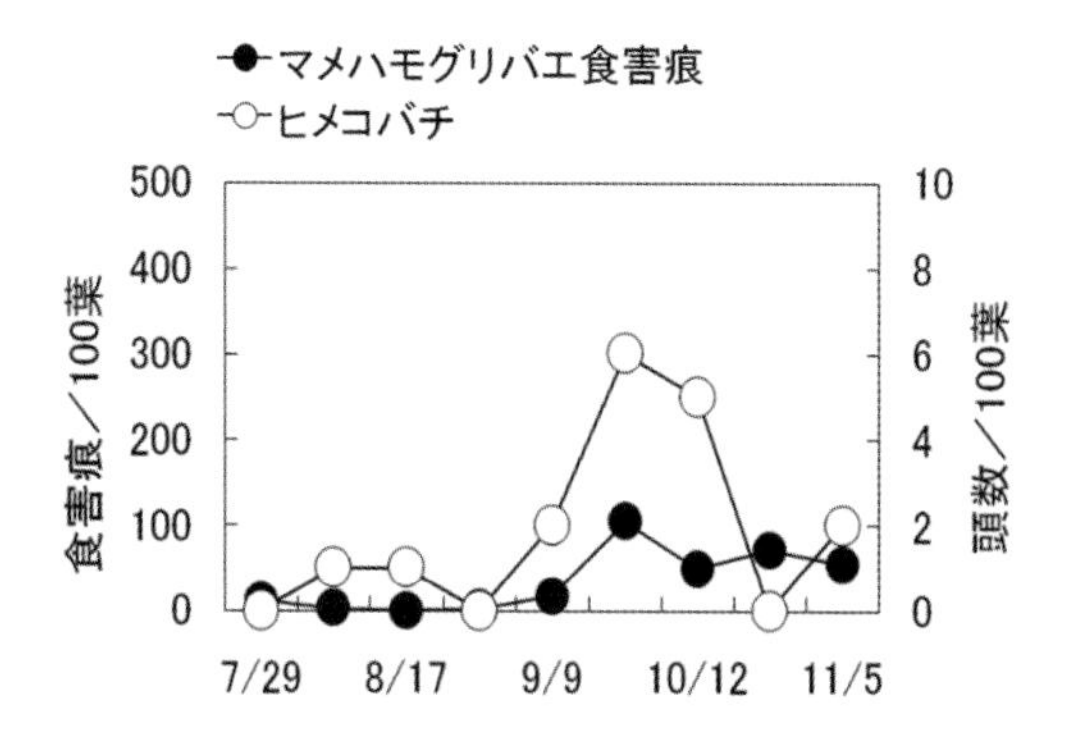


図５　写真27のマメハモグリバエの食害痕とヒメコバチ頭数の推移

要は、農薬の数ではなく、どんな農薬を使ったか、もっと言えば、使ったのが天敵に影響のある農薬か否かということだ。たとえ1剤でも天敵への影響が大きい農薬を使用すると、約束したかのように難防除と言われる害虫が増えてくる。

露地なすの天敵温存型防除に取り組んでくれた50戸の生産者の畑を10日ごとに巡回していくと、前回いたヒメハナカメムシがいなくなり「ウマ」が急増していたりとか、マメハモグリバエの食害痕が増えていたりと、明らかな変化に気づく。生産者にこういう農薬をまきませんでしたかと聞くと、決まって「先生、見てたんかい?」と返事が返ってくる。それくらい、虫たちの反応は正直だ。

あの「ウマ」とハスモンヨトウしか見つから

表４　当時示した天敵温存型防除の暦

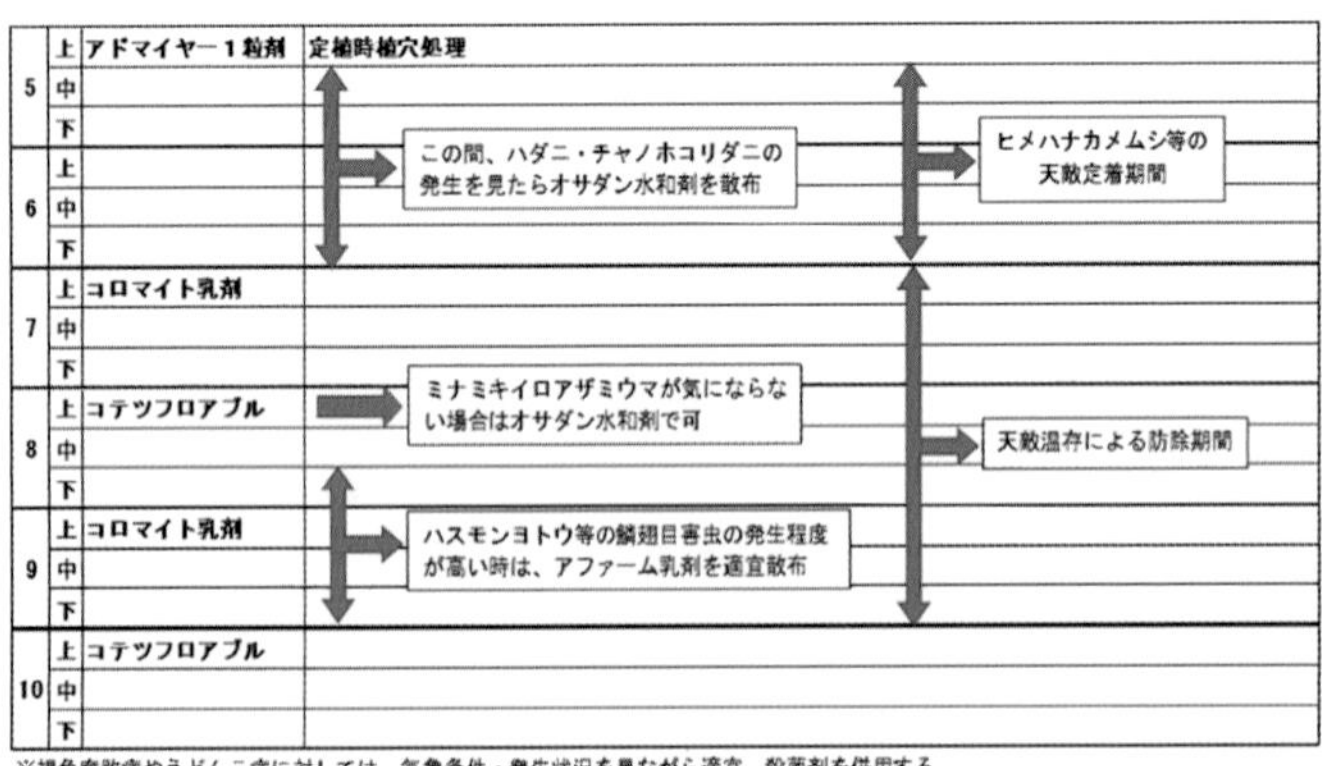

| 月 | 旬 | 薬剤 | 備考 |
|---|---|---|---|
| 5 | 上 | アドマイヤー1粒剤 | 定植時植穴処理 |
| | 中 | | |
| | 下 | | |
| 6 | 上 | | |
| | 中 | | |
| | 下 | | |
| 7 | 上 | コロマイト乳剤 | |
| | 中 | | |
| | 下 | | |
| 8 | 上 | コテツフロアブル | |
| | 中 | | |
| | 下 | | |
| 9 | 上 | コロマイト乳剤 | |
| | 中 | | |
| | 下 | | |
| 10 | 上 | コテツフロアブル | |
| | 中 | | |
| | 下 | | |



※褐色腐敗病やうどんこ病に対しては、気象条件・発生状況を見ながら適宜、殺菌剤を併用する

注：オサダン水和剤は既に登録失効

なかった穴ぼこだらけのなすの畑は、さんざん薬づけにして天敵を皆殺しにしたあげく、ハスモンヨトウに大繁殖する機会を与えてしまった結末だったのだ。それは50剤もの農薬を並べた防除暦を作ってしまった私たちの失敗だったといえるだろう。

それでは、天敵がいさえすれば、安心なのか……。どうもそれも違っていた。農薬を一切使わない、有機栽培のなすを見せてもらったことがある。たしかに天敵はいる。種類も豊富だ。ヒメハナカメムシは元気に活躍をしている。「ウマ」の被害は全く認められない。素晴らしい……と思うかもしれないが、ものすごい数のアブラムシに生育が抑えられていたし、果実にもアブラムシがまとわりついていた。またハダニも繁殖していた。見ればハダニの天敵であるハダニアザミウマやカブリダニがヒメハナカメムシに捕食されていた。

ここで、天敵温存型防除の暦を今一度見返してほしい。まず、定植時にアドマイヤー1粒剤の植穴処理をしている。これは、気温が上がってヒメハナカメムシが発生し、なすに定着するまでの間、アブラムシとミナミキイロアザミウマを抑えるために処理するものだ。また月1回程度の散布剤は基本的にハダニをターゲットにしており、あわせてミナミキイロアザミウマにも効果が期待できる剤を選んである。なぜハダニがターゲットなのかは先ほど説明したとおり、ヒメハナカメムシなどの捕食によって、ハダニアザミウマやカブリダニの密度が減少し、ハダニが増えやすくなるからだ。

有機栽培では、確かに天敵も数多く生息できるが、密度バランスを調節する術がない。ここが天敵温存型防除との違いだ。

ただ残念なことに、この天敵温存型防除に取り組んでから、月日が経つこと20年。アドマイヤー1粒剤の効果が随分と薄れてきたようで、ヒメハナカメムシが定着する前に、アブラムシやミナミキイロアザミウマの繁殖を許してしまう事例に多く出合うようになった。薬効が切れるのを前提に、天敵に影響の少ない農薬を早めに散布するなど、アレンジが必要になってきたのも事実である。

いずれにしても大切なことは、天敵を「活かす」ために、農薬で害虫と天敵の密度バランスをコントロールするという着眼点だろう。その意味で、殺虫剤という言い方はやめて、「バランス調整剤」とでもいうような呼び名で、開発や活用方法を検討していくことを提唱したい。

農薬で、発生した全ての害虫個体を殺すことは不可能だ。生き残った害虫に繁殖の機会を与えるか、天敵にフォローしてもらえる環境を残せるか、ここに害虫管理のポイントがあると、天敵温存型防除は私に教えてくれた。

# 18　天敵が活躍する水田

西暦２０００年春、４カ所目の勤務地は、埼玉県のど真ん中に横たわる比企郡を管轄する事務所だった。２０２０年現在、９市町村が対象地域だが、そのうち８市町村が、県立比企丘陵自然公園、県立長瀞玉淀自然公園、県立黒山自然公園、国営武蔵丘陵森林公園のいずれかを擁している。丘陵地がほとんどを占め、稲作には、溜池にためた雨水を利用してきた地域でもある。

４月から５月にかけて、小高い山の樹木が淡い緑に萌え始め、どこに行ってもウグイスの鳴き声が聞こえるようになる。その声に惹かれてか、多くのハイカーたちがやってくる。さいたま市辺りに住んでいると、こんなにのどかで美しい場所が、同じ県内にあることが信じられないほどだ。

こういうところで行われる農業とは、いったいどんなものなのだろう。自然公園の中で営まれる農業……さぞかし、この事務所には、特別なノウハウが継承されているのだろう……、と思いきや、なんのことはない、これまでの事務所となんら変わることはなかった。

この地で農業を営む人たちでさえ、自然公園なんてものに関心があるわけでなし、むしろ「獣の巣」という認識すらあった。

その象徴といっては語弊があるかもしれないが、農協には「ランネート45ＤＦ」の幟が立ち並んでいた。自然公園の中で、皆殺しタイプの農薬をコマーシャルする……この違和感をどうすることもできなかった。

未来を担う青年農業者たちが、自然破壊の張本人とされるようなことがあってはならない、そう思い、私は規模拡大志向のある稲作農家の後継者にお願いし、水田における害虫と天敵について調査させてもらうことにした。彼にしてみたら、箱施用剤だけでも馬鹿にならない。やらなくて済むならそれに越したことはないと、期待を寄せてくれた。

参考にしたのは『減農薬のための田の虫図鑑』（宇根豊、日鷹一雅、赤松富仁著　農山漁村文化協会）。果たして埼玉県のど真ん中で、この図鑑に紹介されている天敵のうち、いくつ見つけられるかと、10日に一度、捕虫網を持っては、田んぼに足を踏み入れた。

当時すでに、田んぼに入ること15年のキャリアがありながら、天敵と言ったって私には、いくつかのクモ類とカエルとカマキリくらいしか記憶にない。

だが、この調査をしてみて驚いた。

クモ類も造網性のコガネグモやドヨウオニグモだけでなく、徘徊性のコモリグモやカニグモ、ハエトリグモなど多数の種類が見つかった。なすのほ場で活躍していたヒメハナカメムシの仲間もいた。タカラダニに食いつかれたヒメトビウンカも見つかった。

ルーペでよく観察してみると、お腹にいぼを抱えたヒメトビウンカがよく見つかるようになった。クロハラカマバチやネジレバネが寄生していたのだ。

またコブノメイガやフタオビコヤガの寄生蜂の繭もあった。イネツトムシに寄生していたヤドリバエの蛹もあった（写真28）。ゴミムシもいればテントウムシもいた。トンボはもちろんアメンボはそこら中をスイスイと動き回っていた。

なんのことはない、埼玉県の水田にだって、こんなにも豊かに命は息づいていたのだ。しかし生産者にも指導する側にいる私たちにも、全く無視され、その能力を引き出されることもなく、下手すると農

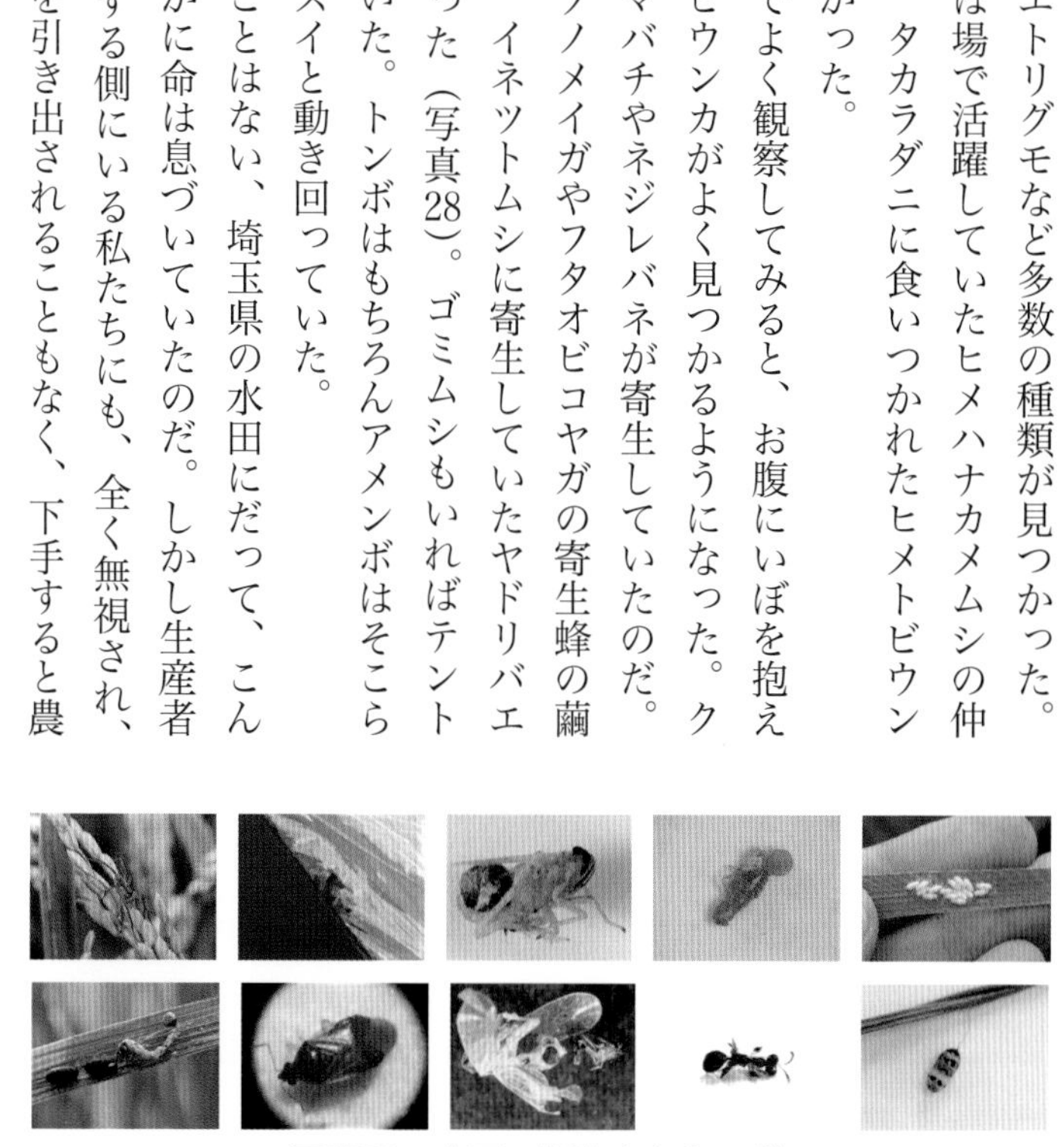

**写真28　水田で観察された天敵**

（上段左から：クモ・タカラダニ・ネジレバネに寄生されたヒメトビウンカ・カマバチに寄生されたヒメトビウンカ・イネアオムシサムライコマユバチの繭、下段左から：ヤドリバエの蛹と寄生されていたツトムシ・ヒメハナカメムシ・ネジレバネ・クロハラカマバチ・ホウネンタワラチビアメバチの繭）

薬で皆殺しにあっていたのだ。

翌年、ヒメトビウンカが媒介する縞葉枯病に抵抗性のない、コシヒカリの無農薬栽培に挑戦した。

ヒメトビウンカの個体数の増加とともに徘徊性クモ類の個体数も増加した（図６）。カマバチやネジレバネに寄生されたヒメトビウンカも増えていった。やがてヒメトビウンカの個体数は頭打ちとなり減少した。縞葉枯病の発生はあったが、その収穫ロス分を金額換算すると、箱施用剤の値段よりも小さくなった。薬を使わなくても天敵の力で、経済的被害は抑えられたのだ。ちなみに当時、ヒメトビウンカの保毒虫率は３％前後。「保毒虫率が低いのにわざわざ殺虫剤を使用する必要はない」、そうクモたちが教えてくれた夏だった。

そして、天敵たちの力を引き出してくれた青年農業者の彼は、20年後、20ha規模の立派な主穀作経営者になっていた。

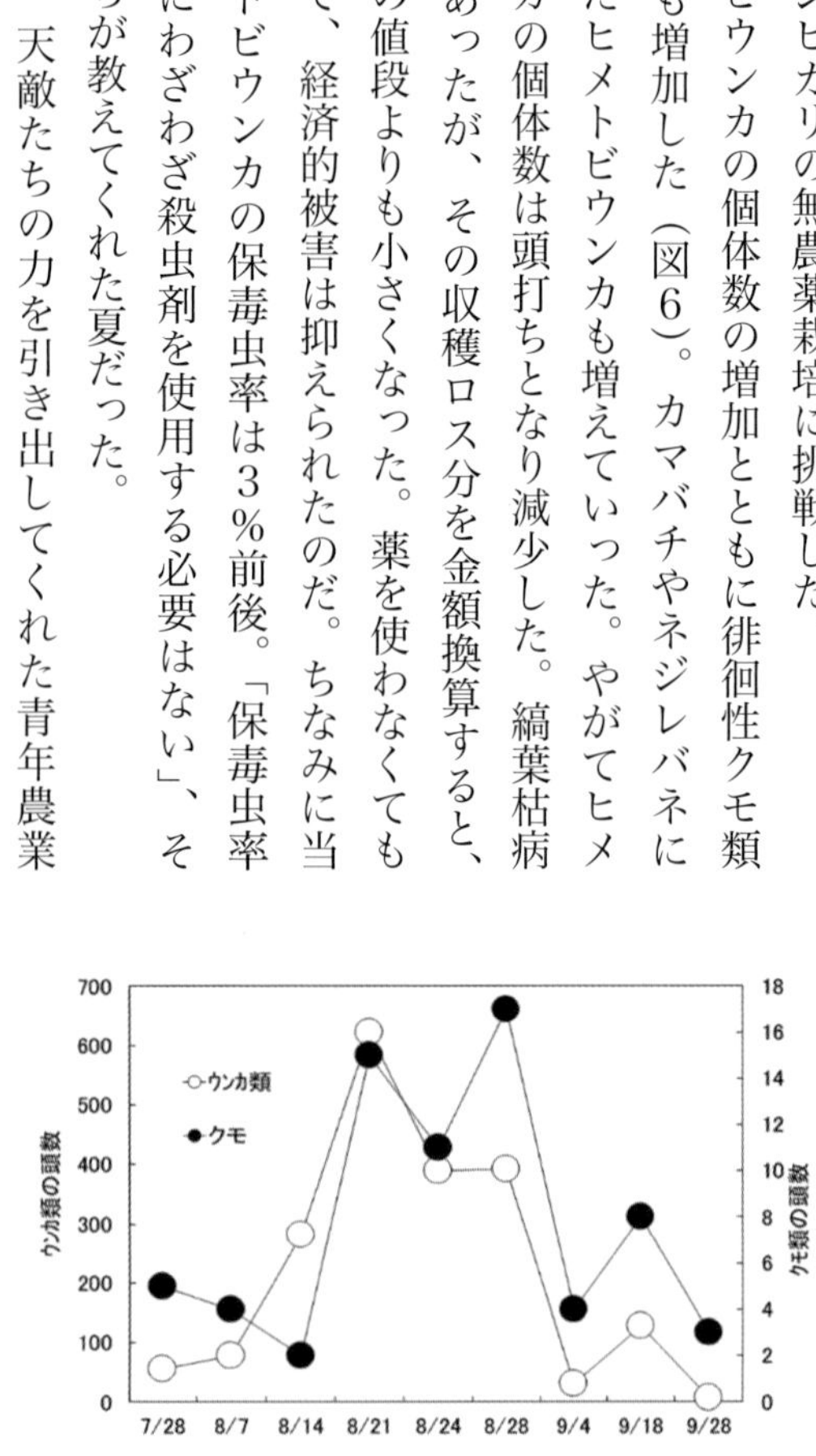


図６　ウンカ類とクモ類の発生消長（2001）

# 19　梨園に群がる命に思う

「たとえ一本でも木を伐り倒すと、数百種の植物を同時に伐ることになり、数百種の植物を頼りに生きる小動物、大動物も併せて消し去ることになる。」（『戦争する国、平和する国』小出五郎著　佼成出版社）

これは中米コスタリカの雲霧林の話だ。しかし、埼玉県の梨園に同じことが言えたらどうだろう。

２００８年、埼玉県農林総合研究センター（現・埼玉県農業技術研究センター）に異動したのを機に、試験場内と現地の梨園で、６年間（試験研究員として2年、普及指導員として4年）にわたって生物多様性の調査に携わることができた。そして、熱帯の雲霧林でなくとも、埼玉県のような都市近郊の梨園でも、多種多様な生物が互いにかかわりあって、命をつないでいることを実感した。

図7は２００９年当時、調査データからまとめた都市近郊梨園における節足動物の相関図である。ここにはまだまだ書き足さなければならない命が埋もれている。

そして、たった1度の農薬選択の過ちが、その後のハダニの密度に大きな影響を及ぼすこともわかった。それは、露地なすの天敵温存型防除で、非選択性殺虫剤を使用してしまったばかりに、マメハモグリバエの大発生を招いてしまったのと、全く同じ原理だった。

梨園でのハダニの天敵は思っている以上に多い。カブリダニ類、ハダニアザミウマ、ハダニバエ、クサカゲロウ、ヒメハナカメムシ、ハダニクロヒメテントウ、ヒメハダニカブリケシハネカクシ……（写真29）。

しかしこの天敵たちの息の根を止め、ハダニを活気づかせる時期がやってくる。それはたいてい6月下旬ごろ。ニセナシサビダニの防除時期だ。ここで使用する農薬の如何で、ハダニの発生状況が変わる。天敵に影響のある農薬を散布すると、7月以降、

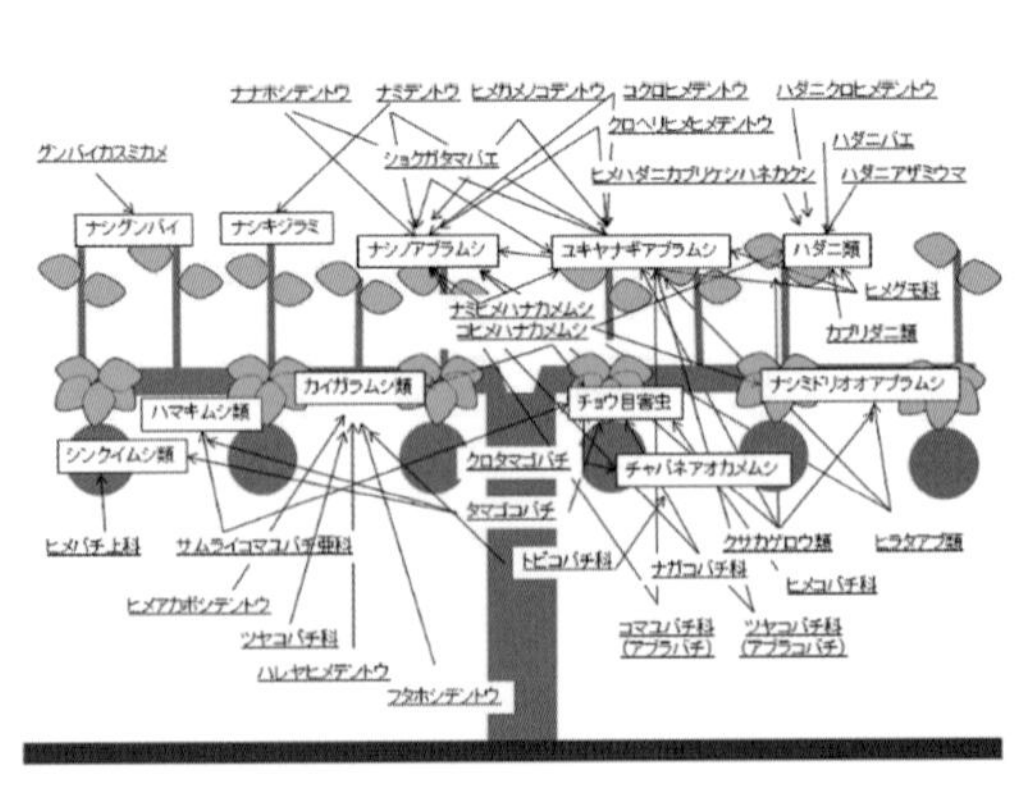

図7　都市近郊梨園における節足動物の相関図

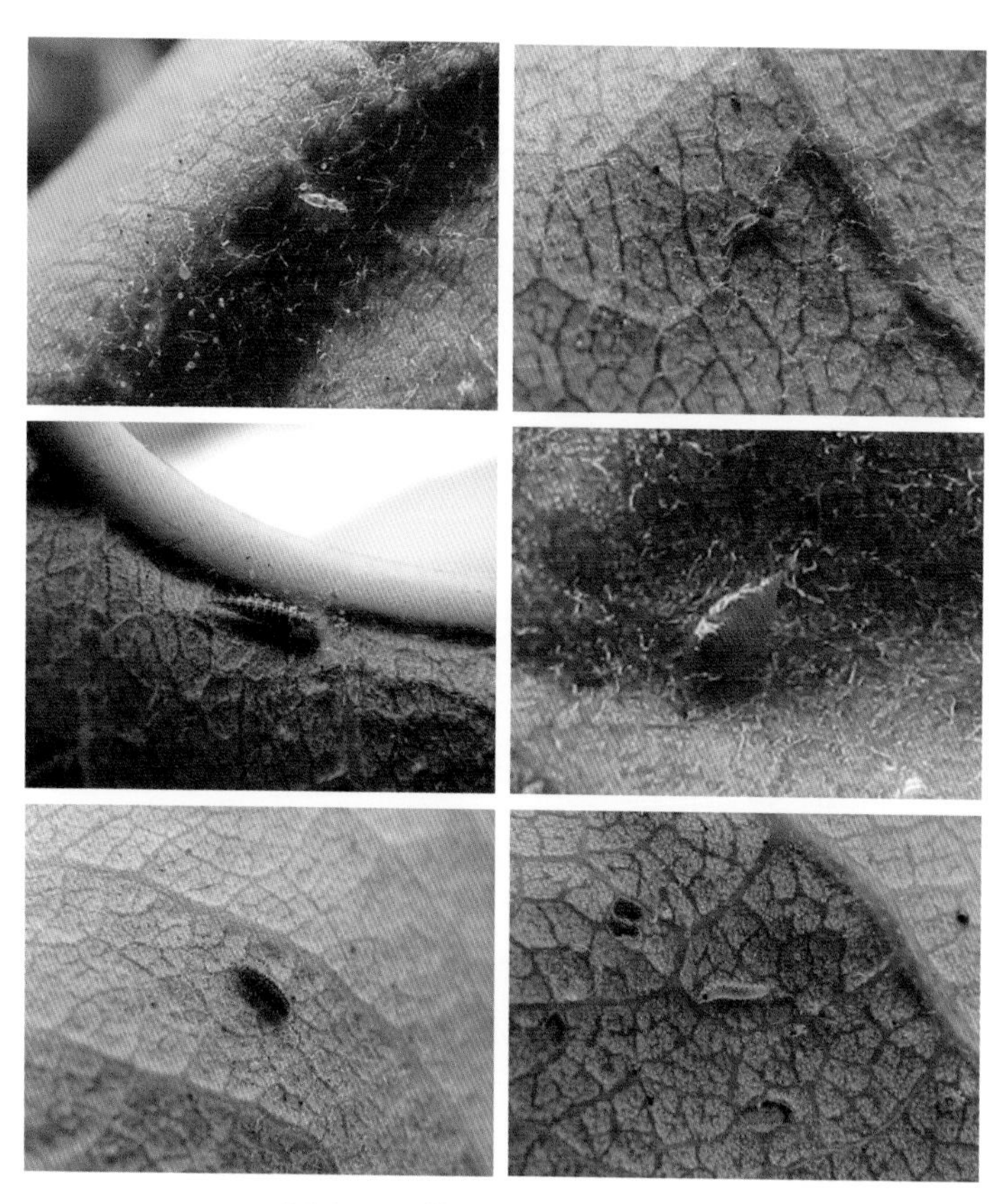

**写真29　梨園のハダニの天敵**

（上段左から：カブリダニとハダニアザミウマ・ハダニバエ幼虫、中段左から：クサカゲロウ幼虫・ヒメハナカメムシ幼虫、下段左から：ハダニクロヒメテントウ幼虫・ヒメハダニカブリケシハネカクシ幼虫）

ハダニが爆発的に増加し、ひどいと落葉を招くこともある。

天敵を温存できたほ場では、殺ダニ剤を全く使わなくても、ハダニの目立った被害を見ることなく、収穫を迎えることができた。

ただしここではひとつだけ重要なポイントがある。ナシヒメシンクイやハマキムシ類に対しては、天敵がいてもなかなか密度抑制ができないため、性フェロモン剤で交信攪乱し、被害を抑えることが前提だ。それさえできれば、殺虫・殺ダニ剤の使用は2分の1以下に減らすことができる。

ところで、この梨園の調査で、感じたことのひとつに「害虫」という言葉への違和感がある。

図7の相関図を見てもらうとわかるのだが、例えばアブラムシ類の天敵のなんと多いことか。

テントウムシ類（ナナホシテントウ・ナミテントウ・ヒメカメノコテントウ・コクロヒメテントウ・クロヘリヒメテントウなど）・ヒメハナカメムシ類（ナミヒメハナカメムシ・コヒメハナカメムシなど）・ショクガタマバエ・クサカゲロウ類（ヤマトクサカゲロウ・ヨツボシクサカゲロウなど）・寄生蜂（アブラバチ・アブラコバチなど）・ヒラタアブ・徘徊性クモ類。

これだけ天敵がいるからたくさん子供を産まなければならない、というのもひとつの見方だが、これだけの命を養うためにたくさん子供を産んでいると捉えたらどうだろう。アブラムシの存在意義が変わってくる。

実際、彼らがいなかったら、これだけの虫たちに出合うことはできなかった。

先に紹介したハダニの天敵しかり、チョウ目害虫の天敵しかりだ。

『すごい虫のゆかいな戦略』(安富和男著　講談社)に「空から1万個の卵をばらまくコウモリガ」も「わずか4個の卵を産むダイコクコガネ」も最後に成虫になるのは2匹という絶妙な「自然の掟」が紹介されている。

種の保存ということだけを考えたならば、基本、雄雌1匹ずつが生き残れば良い。それ以外はなんのために必要なのか?

他の生物の命を支えるために彼らが奮闘しているとしたら、逆に人間などというものは、なんてわがままな存在なのだろう……。

# 20 ミヤコ。をプロデュース

春になっていちごのハウスを巡回すると、車の中からでも、ハダニが多発しているのがわかる。霞がたなびいたように、ハダニが張った網がいちごを覆い尽くしている。そういうハウスが軒並みだ。

春霞たなびく山の桜花うつろはむとや色かはりゆく

『古今和歌集』にある詠み人知らずの和歌だが、いちごハウスの「春霞」にこんな風情はない。

私はある生産者に、どうやってハダニの初発生を知るのかを聞いた。

「先生、そりゃ、わかるさ、網ぃ張ってくるし、いちごぉ収穫してて、この腕さ這い上がってくるからねぇ……」

「はぁ……、なるほどぉ……」

多くのいちご生産者は皆、病気ならうどんこ病、害虫ならハダニに困っていると、口を揃えて言う。

高齢化が進んだ産地では、ハダニそのものを目視することが困難になっている。しかし、これではもう手遅れだ。ハダニに気づいた時には、すでに大発生しているのだ。殺ダニ剤でどれだけ密度を落とせるものやら……。

手に入る殺ダニ剤の限りを尽くして防除をしても、結局はハダニを止められず、最後は諦める。そして気持ちは稲作へ！

なるほど田植えシーズンを前に、気持ちを稲作に切り替えるにはもってこいかも知れない。しかし、あと1花房、頑張れば、単価の安い時期とはいえ、10ａ当たり1ｔくらい収穫できるはずだ。売上にして70万円前後。埼玉県では、70〜80ａ分の米の売上に相当する。まことにもったいない話だ。

しかしそもそも、ハダニがいるんだかいないんだか、モニタリングのできない生産者に何ができるだろう。

こうなると、もう勝手に、知らないうちに、知らないところでハダニを退治してくれる、そんな「優れモノ」が現れるのを待つしかない。

その「優れモノ」が現れたのは２００３年の秋も深まった頃。

根本先生の仲介で、当時、アリスタライフサイエンスで技術顧問をされていた厚井隆志さんに出会った。

天敵の話をあれやこれやとしながら、いちごのハウスでチリカブリダニの試験を大規模に行うことがほぼまとまりかけていた時、厚井さんから、「今度、こういうカブリダニも市販されるんですよ」と紹介されたのがミヤコカブリダニ（商品名：スパイカル）だった。どんなカブリダニかと聞けば、もともと日本にもいるカブリダニで、広食性で、花粉食であったり、ハダニ以外の微小昆虫も捕食するとのことだった。

私は聞きながら、ヒメハナカメムシの特性を思い出していた。土着種で、花粉食で、アザミウマ以外の害虫も捕食する……なんだか同じパターンのような。

その時、厚井さんが言った。

「今のところ、果樹園での普及を考えております。チリカブリダニは横移動が得意なのですが、このミヤコカブリダニは樹木のような背の高いものでも、容易に登って行く、縦移動が得意なものですから」

私はちょっと首をかしげてこう言い返した。

「いちごは背が低いので、登っては下り、登っては下りしていったら、結局、横移動になりませんかね？」

「まあ、まあ、そうですけど……」

「もともと日本にもいるってことは、日本の冬を越せるってことですよね。いちごのハウスは最低気温を8℃とか5℃とかに下げるので、チリにはきついかも知れませんが、ミヤコならいけるんじゃないでしょうか。それに、花粉を食べてくれるなら、いちごの開花期までなんとかハダニを出さないようにして、開花後にミヤコを放飼すれば、定着して、あとから発生するハダニを食べてくれるんじゃないでしょうか？　モニタリングができない生産者にはもってこいなんですけど」

この私の妄想にも近い意見に、厚井さんも関心を示し始めていた。そしてミヤコカブリダニについても、いちごで現地試験をしてみることになった。

この会見を受けて私は、前出のいちごの「神」に相談をした。前年にチリカブリダニを使ってみて、なんとなく手応えを感じていた「神」は快く引き受けてくれた。そして「神」が率いるいちご専門部会員のうち、条件の違う13戸45ハウスを対象に、現地試験の設計を立てさせていただいた。メインはチリカブリダニだったが、ミヤコカブリダニとの併用区を9ハウス、ミヤコカブリダニ単独区を4ハウス作ることができた。

試験のスタートは2004年1月15日。この日から、長い、長いカブリダニとの付き合いが始まった。

この年の試験の結果、常識を打ち破る知見と、カブリダニへの期待を膨らませる成果が得られた。

まず常識を打ち破る知見だが、これまで、当地域のいちご栽培で、カブリダニの利用が極めて少なかった理由のひとつはその栽培様式にあった。生産者の多くは、単棟のパイプハウスで、厳寒期には小トンネルを被覆し夜間の寒さをしのいでいた。カブリダニの活動可能な温度が最低12℃、最高がチリカブリダニ30℃、ミヤコカブリダニ35℃ということや、湿度を50％以上確保しなければならないといった情報が、導入をためらう理由になっていたのだ。しかし驚いたことに、このような環境下でも捕食対象であるハダニがいれば、カブリダニは定着した。逆に、調査期間を通じてハダニの発生が認められなかったハウスでは、カブリダニは全く定着しなかった。

カブリダニへの期待を膨らませる成果については、ミヤコカブリダニが「私の妄想に近い」仮説に、ものの見事に応えてくれたことだ。いちごの生育期間を通じてハダニが発生しなければ、ミヤコカブリダニの定着は認められない。しかし長期間ハダニが発生せず、春になってほ場にハダニが侵入してきた場合は、そのハダニの発生箇所に、必ずといってよいほど確認できたのは、チリカブリダニではなくミヤコカブリダニだった（図8）。

ミヤコカブリダニはその食性の広さから、生存期間も長く、ハダニの発生前に放飼しておいても、いちごに定着して活動することが容易であった。したがって、生産現場では細かい観察や密度コントロールを要しない分、利用しやすいカブリダニとして評価できた。

そこで次年度は、現地試験をすべてミヤコカブリダニで行うこととし、経済的にメリットのある放飼頭数はどれくらいかを明らかにすることに焦点を絞った。

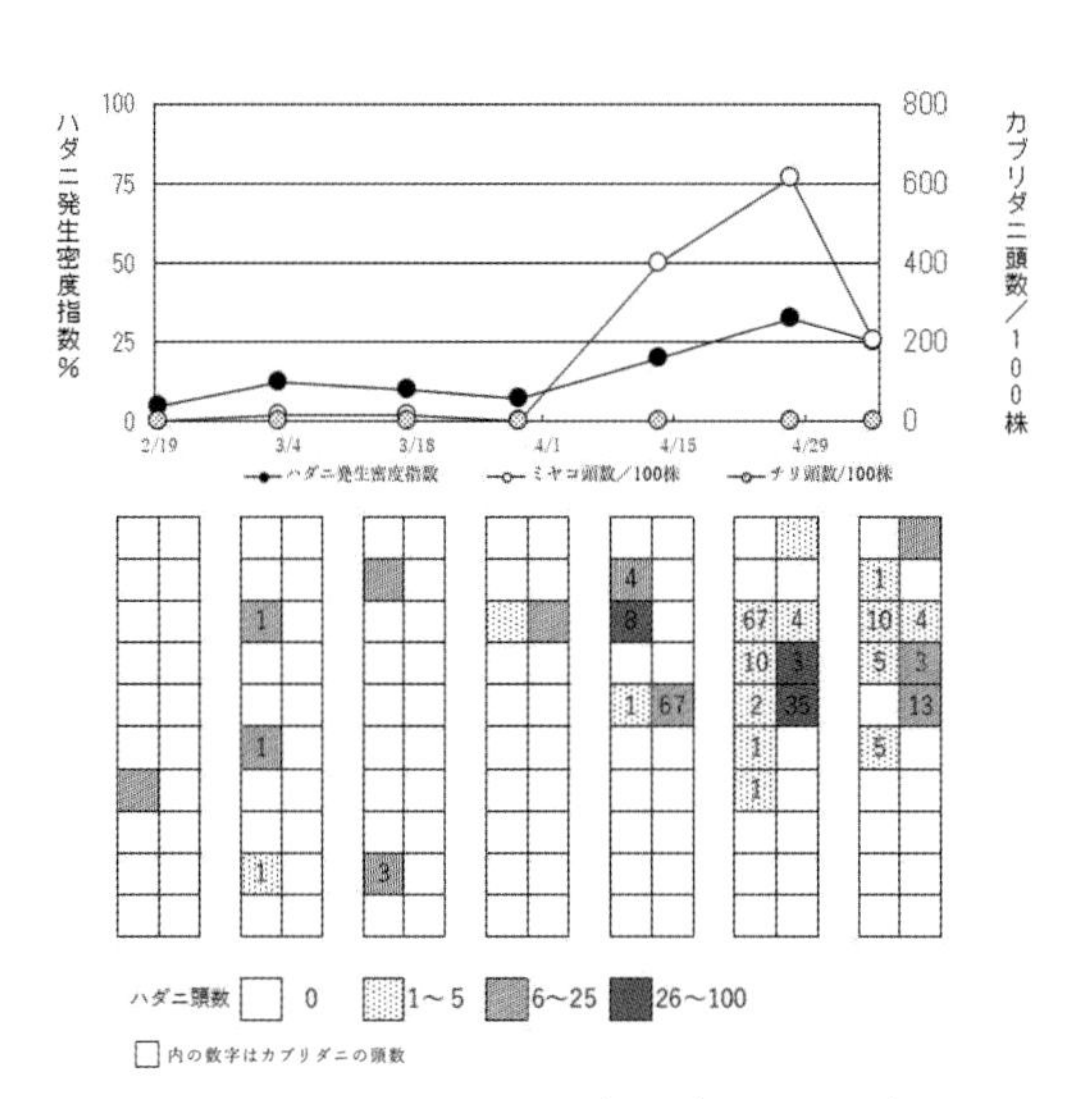


図８　チリ及びミヤコカブリダニとハダニの発生消長

## 21　2000頭でも効果十分！　ミヤコカブリダニ

ある日、いちご生産者のお宅に調査で訪れた。納屋に白いポリの容器が置いてあった。

「なんですか、これは？」

私が聞くとその方は、照れくさそうにこう言った。

「エーエムキンだぁ」

「エーエムキン……？」

おそらく、EM菌のことなのだろう。

「効果は何かありますか？」

「なんだか、わかんねーけんど、これくれっと、いちごが元気になる気がして……」

「いくらくらいするのですか？」

「5万円だ」

この「エーエムキン」、意外にも多くの生産者が使用していることもわかった。そして5万円も出して「なんだか元気になる気が」する程度のものを使用するという感覚を知った時、カブリダニは随分と安いものかも知れないと思った。

２００３〜２００４年当時、カブリダニは、チリでもミヤコでも1ボトル２０００頭入りで６０００〜７０００円だった。「エーエムキン」のことを考えれば、７〜８ボトルは買える計算だ。しかしこれではあまりに根拠が曖昧なので、私たちはまず農協に協力をいただき、いちご生産者の生産履歴から、いちごの定植後、殺ダニ剤を何回使用しているか調べてみた。結果、多い人でも11回、平均で４・９回だった。

また、当時、使われていた殺ダニ剤の10ａ当たり使用量から農薬代を、また埼玉県の中小企業賃金実態調査から1時間当たりの平均賃金を出し、夫婦２人で1時間半の農薬散布作業を行ったと仮定して、1回の農薬散布コストを算出した。概ね、どの殺ダニ剤を使用しても６０００〜７０００円となり、1回の農薬散布経費は、ボトル1本（２０００頭入り）のカブリダニ放飼に相当することがわかった。

ここから、殺ダニ剤によるハダニの密度コントロールを考慮し、放飼前に1回、生育期間中、必要が生じた場合に1回、併せて２回は殺ダニ剤を使用できるとした場合、カブリダニは３ボトル、６０００頭／10ａ以下で効果が得られれば、生産者に無理なく普及できるだろうと考えた。しかも、放飼にかかる時間はごくわずか、1人いれば十分だ。

現地試験２年目の２００４年秋。使うカブリダニは「ミヤコカブリダニ」のみとし、

10ａ当たり放飼頭数２０００、４０００、６０００及び８０００頭の区を設け、合計34ほ場に対し、開花始めの11月上旬に放飼をして、調査をスタートさせた。

今日（２０２０年現在）、現場でのカブリダニの使われ方を見ると、その性質が変わってしまったのではないかと思うくらい、カブリダニの能力を低く見ているように思う。

図９のデータを見てほしい。これは私たちがミヤコカブリダニの普及を決断した、あまりにも素晴らしいデータだ！

放飼頭数は10ａ当たりわずか２０００頭。ハウスはといえば、暖房設備すらない、小トンネル被覆で厳寒期の寒さをしのいでいる、当地域伝統のパイプハウスである。

２月８日の調査まで、ハダニは１匹たりとも見つからなかった。当然のごとく、放飼したミヤコカブリダニも見つからない。

そもそも２０００頭くらいで効果が得られるわけがないと、初めから高をくくっていたため、このハウスの調査は、産休代替で来てくださった、まるっきり素人の女性職員にお願いをしていた。

ところが、忘れもしない２００５年２月17日、「いましたぁ！」という大きな声が、この２０００頭放飼区のハウスの中から聞こえてきた。

私は耳を疑った。やっぱり素人に調査を任せるもんじゃない……そんなことを思いなが

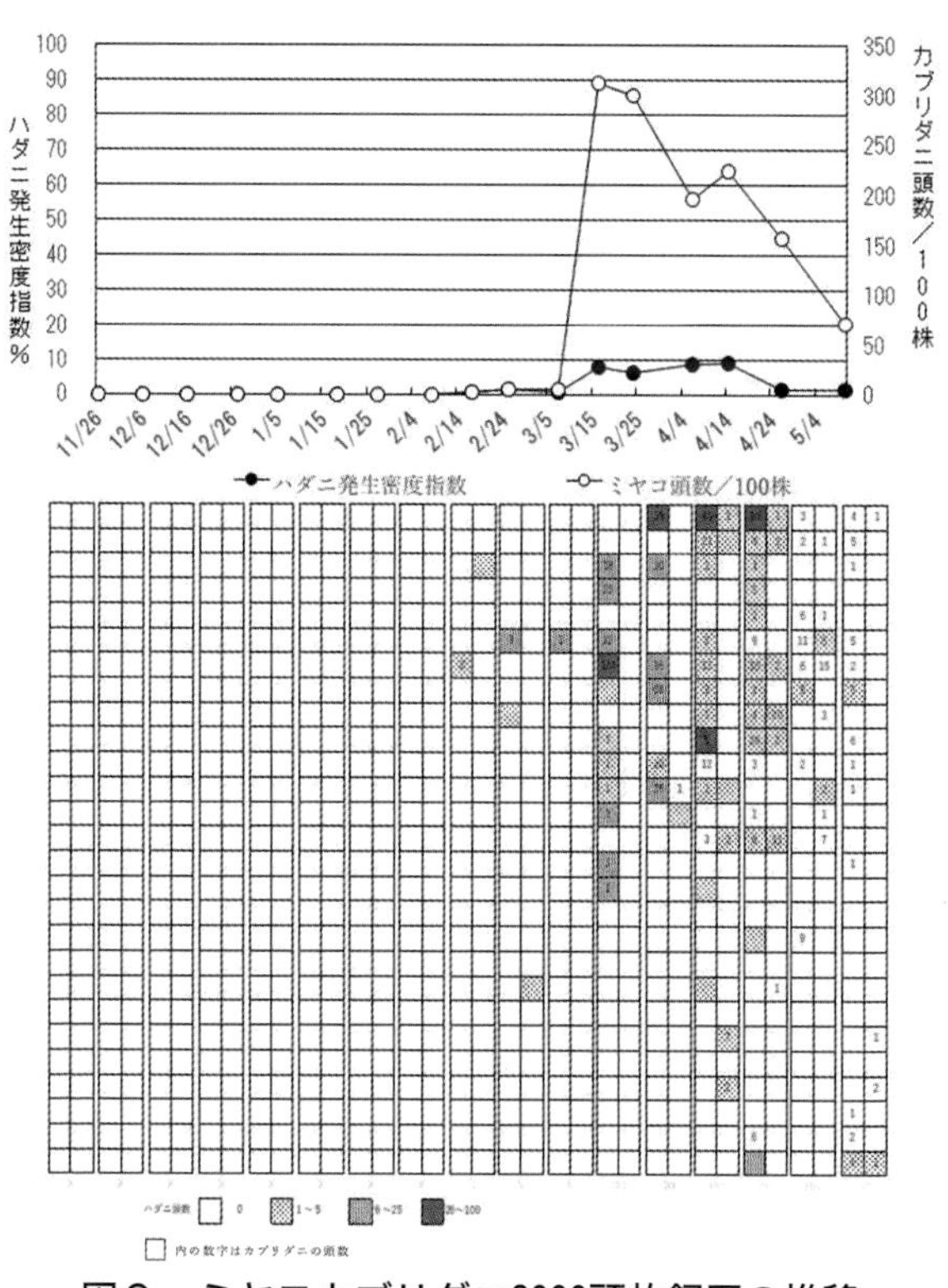


図９　ミヤコカブリダニ2000頭放飼区の推移

ら、確認のため「いましたぁ」という調査地点に向かった。

「どこどこ？」

彼女が指差すいちごの株を調べてみると、「ああっ！　いたっ！　いたぞぉ！」と思わず叫んでしまった。

他の試験区を調査していた仲間もやってきた。

「本当だ、いたぁ！」

たった1株だったが、ハダニが寄生したいちごの葉裏に、間違いなくミヤコカブリダニが2頭、いたのだ。

ずうずうしいことは承知で、次回からこのハウスの調査は私が担当することにした。

3月から4月にかけて、ハダニが寄生するいちごの株は増えていった。しかし、ハダニがいるところ、必ずといってよいほど、ミヤコカブリダニもいて、ものすごい勢いで個体数が増えている株もあった。

結果的に5月10日の最終調査の時点で、ハダニ発生密度指数は1・7％、最もハダニの密度が高くなった4月14日でも9・2％にとどまった（図9）。

3月下旬、このハウスで現地検討会を行った際、集った生産者は、「へぇ、ハダニが全然いなくていいなぃ、大したもんだ」と口を揃えて言ったものだ。

「いやいや、ハダニはちゃんといますけど、カブリダニも働いてくれてるんで」

と、ルーペで観察してもらった。

「はぁ、こらぁ、よくみえらぁ。ハダニってのはこんなんだったかい」

そしていちごの「神」のひと言。

「こんだけハダニがいても芯が立ってきて、全然、生育に影響がないんじゃ、カブリダニってのは、いいもんだねぇ」

この年、「春の霞」が消えたハウスに注目が集まった。

「最近、普及所がしょっちゅう、あそこのハウスに出入りしてたけど、関係があるんかね？」

そんな関心が寄せられたハウスの春の風物であった「霞」、ハダニの網がこの年は出なかった。「まいておくだけなら、楽でいいね」という噂が噂を呼び、２００６年度には60戸の生産者がミヤコカブリダニを導入するまでになった。

## 22 チリカブリダニのあてずっぽう放飼

2007年11月、ミヤコカブリダニは、製造元のコパート社(オランダ)からの供給がストップした。全国の需要拡大に対して対応できなくなったらしい。日本にカブリダニを輸出する際、検疫上、増殖に用いていたダニ類を取り除くことが義務付けされていて、他国への輸出と異なり、製品化の過程で工程数がひとつ多いことから、最需要期に応えられないといった事情があったと説明を受けた。

2003年度から4年間、必死になって利用技術を組み立て、普及の勢いが増してきた矢先に、思わぬアクシデントが生じてしまった。

しかし、せっかくここまで知見を蓄積したのだから、今度はチリカブリダニの利用技術を再検討してみようと思い立った。

ミヤコカブリダニをうまく利用するためのポイントとして、放飼前にハダニの密度を限りなくゼロにするため、寄生の有無にかかわらず、一度は必ず殺ダニ剤を使用することとしていた。

ところがチリカブリダニの場合、ハダニがいなければそもそも定着しない。

4年間の大規模調査はハダニの「ツボ」を、図10のようにイメージさせた。このツボのハダニ発生密度指数は37・5％。思えばカブリダニの現地試験を始めた当初、うまくチリカブリダニが定着して働いてくれたほ場は、ちょうどこれくらいのハダニの密度だった（図11）。

問題はモニタリング不能の生産者に放飼のタイミングをどう判断させたらよいかだ。

そこで、生産者が「どうも伸びが悪い」「もしかしたらハダニがいるのでは？」と思うような場所を中心に、感覚に任せて、大量放飼させれば、うまく定着し、その後はツボの移動にまかせて、チリカブリダニも分散させられるのではと考えた。

あまりにも冒険に近い挑戦

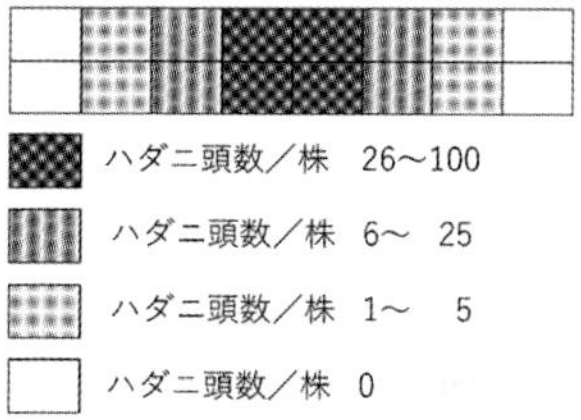

ハダニ頭数／株　26～100
ハダニ頭数／株　6～ 25
ハダニ頭数／株　1～　5
ハダニ頭数／株　0

図10　ハダニのツボのイメージ

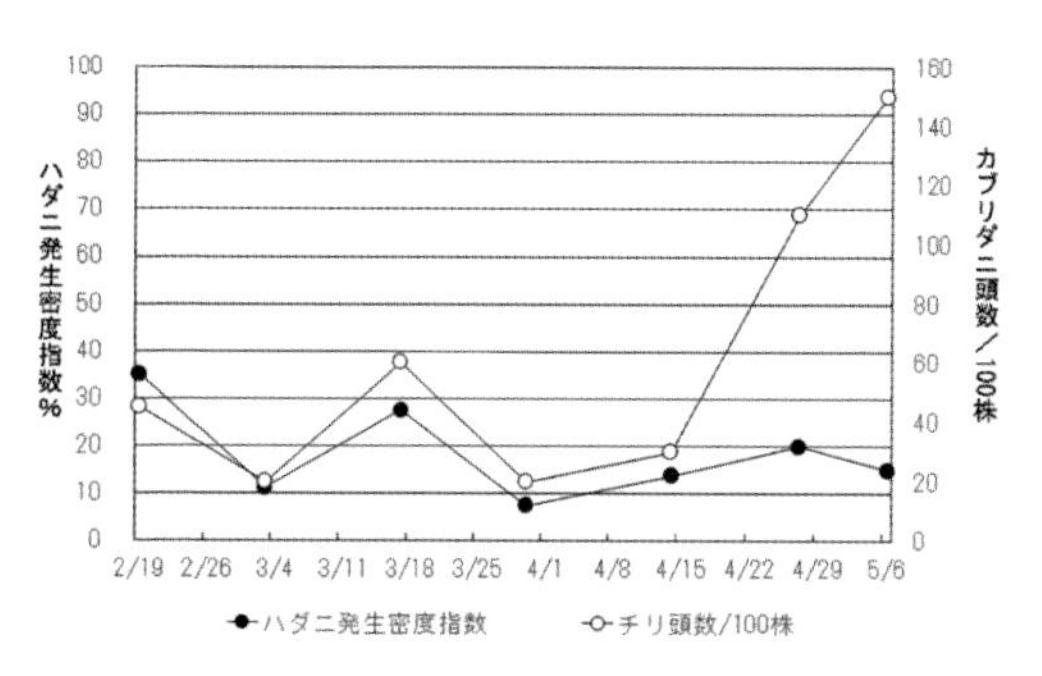


図11　チリカブリダニが定着したほ場での推移

だったが、チリカブリダニを信じた。彼らは生き物だ。じっとしているわけではない。お腹がすけばエサを探しに動き回る。環境さえ彼らにマッチしていれば、仮に、放飼された場所にハダニがいなくても、いる場所を探して移動するはずだ。

２００７年12月７日、この考え方にもとづいて、生育が劣る株をめがけて1カ所に４分の1ボトル（約５００頭）のチリカブリダニを放飼した。ハダニがそこにいたかどうかはわからない。

さて結果は……（図12）。

ハダニの有無を確認せずに放飼したにもかかわらず、最もチリカブリダニの頭数が多くなった2月18日の分布を見ると、ハダニが寄生している株に頻度よく定着し増殖している様子が窺えた。そして結果的には、ハダニの密度を低く維持することができた。

同じ手法で、チリカブリダニ６０００頭／10ａを放飼した別のハウスでは、1月に入ってチリカブリダニの頭数が直線的に増加したが、それ以上にハダニの密度が高まり、網を張りだした場所も見受けられた。そこでやむなくマイトコーネフロアブルを散布した。

ハダニの密度は依然として高かったが、今度はそれ以上にチリカブリダニが増加し、２月下旬には６００頭／１００株に達した。そして3月の彼岸までに、ハダニの密度をゼロに近いレベルまで下げてしまった（図13）。

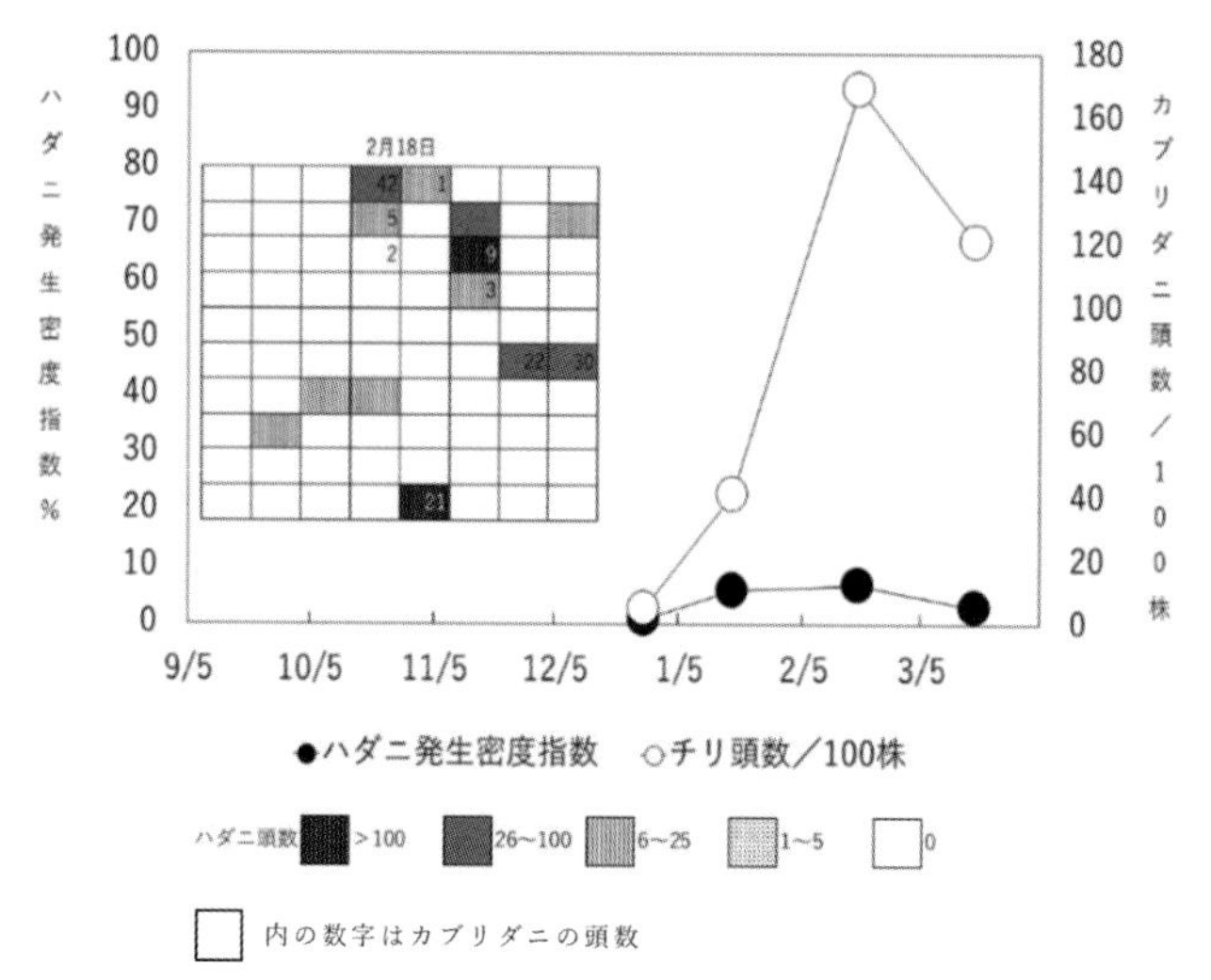


図12　ハダニがいそうな場所にチリカブリダニを放飼した結果

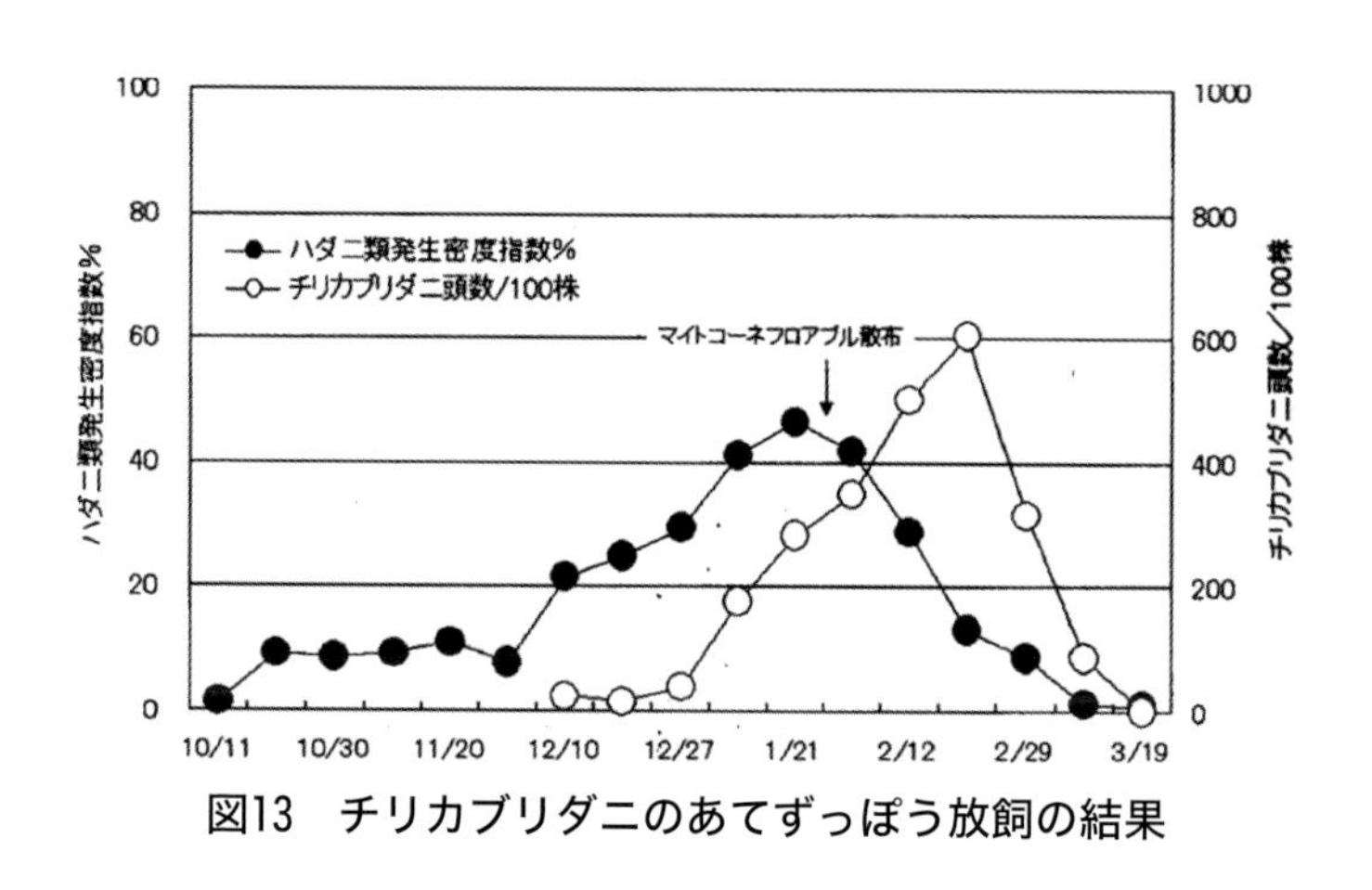


図13　チリカブリダニのあてずっぽう放飼の結果

私たちはこのやりかたをチリカブリダニの「あてずっぽう放飼」と名付けた。これならいちいちハダニの発生状況や密度バランスなどという、やかましいことを気にすることはない。なんだか調子の悪い株がでてきたらマークしておいて、チリカブリダニを注文する。1ボトル2000頭入りで、4~5カ所の放飼が可能だ。経済的に10a当たり3本までとすると、12~15カ所に放飼できる。もし余ってしまったら、生育の悪い株の周辺に広くまいておけばよい。

さらにこんな使い方も有効だ。

チリカブリダニが活躍しているいちごの株を摘葉した際、それを集めて、他にハダニが発生しているいちごの株元に敷き詰めてやる。するとチリカブリダニはハダニが繁殖している株に移動し活躍してくれるのだ。

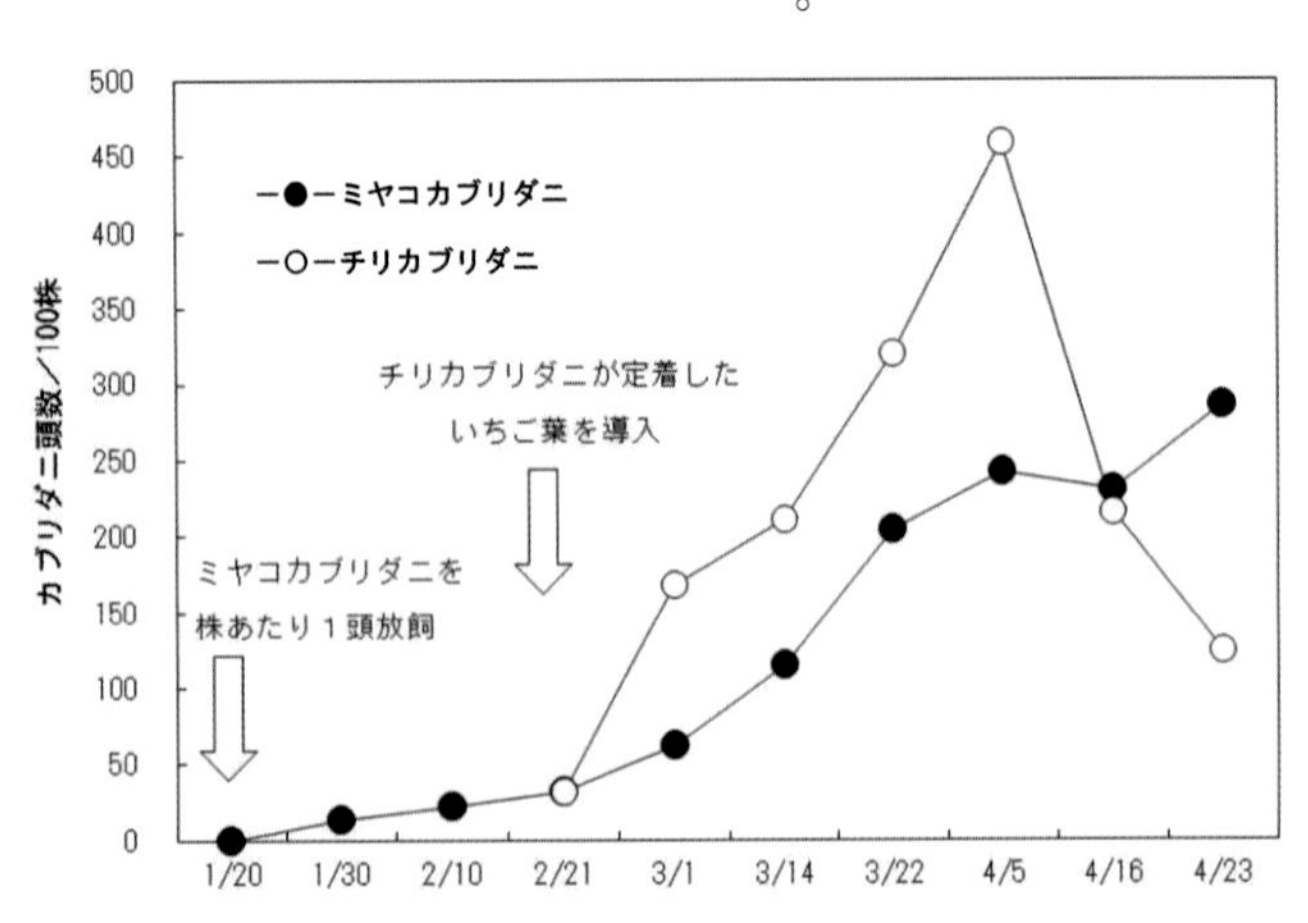


図14　チリカブリダニつきの葉を株元に敷き詰めた後の推移

２０１２年、現地で行ったデータを図14に示した。

先にミヤコカブリダニを株あたり1頭の割合で放飼していたが、働きが芳しくなかった。そこでチリカブリダニつきのいちごの葉を株元に敷き詰めて経過を観察すると、ミヤコカブリダニをはるかにしのぐスピードで増殖して、働いてくれた。

こんなチリカブリダニの性質に気づいたのだろう。7年ぶりに戻ったいちご産地で、ある生産者に言われた。

「先生、チリの方がなんだかいいねぇ。よく増えるし、ハダニを抑えるのも早いし。ハダニが出たところに、ガッツリまいておけば、あとは大丈夫みたいだ。うちはチリが、あってるみたいだよ」

得意気な生産者の笑顔が嬉しかった。

## 23　カブリダニが働かない……

「娘にね、今度カブリダニっていう天敵を使って、ハダニを防除することにしたんだ、って言ったら、お母さん、随分、近代的になったねって言われちゃった、ハハハ」

昔ながらの間口の狭いパイプハウスで、桃のような優しい香りのする美味しいいちごを作っていたお母さんだ。ミヤコカブリダニに大きな期待を寄せてくださっていた。ところが、どうもミヤコカブリダニが働かない。ハウスの中の何株かに定着したものの、じっとしたまま分散する様子を見せず、逆にハダニの被害は広がる一方だった。

このパターン、確か前年、別の生産者のハウスで見たのと同じだと思った。そのハウスでは、保温開始期にマルチを張る前、うどんこ病対策で硫黄粉剤を散布していた。もしかしてと思い、聞いてみると、「うちも毎年やってる」とのこと。カブリダニ恐るべし、だ。

このハウスのそばで、チリカブリダニを導入した生産者がいた。こちらは大型ハウスで、順調に定着し、チリだってなかなかやるじゃん！　と思っていたのだが、しばらくたってハウスにいくと、ハダニは増えているのにチリカブリダニがほとんど見つからなくなってしまった。生産者に聞いても、影響が懸念される農薬は全く使っていなかった。いったい何が起きたのかと、放飼後にしたことをあれやこれやと探っていくと、追肥として硫安を溶かして何度か葉面散布をしていたことがわかった。

硫黄とか硫酸とか「S」にまつわる資材はどうも要注意らしいことがわかってきた。

女峰を作らせたらこの人、と思う生産者がいた。かねてよりカブリダニに関心を示し、熱心に研究をされる方だ。この年は放飼前からハダニの密度が高かったこともあり、チリカブリダニを放飼して、いち早い定着と捕食を期待した。ところが……このハウスでも先の2事例と同じように、ハダニは増えるがカブリダニは増えていかなかった。硫黄粉剤も硫安も使っていない。当然、カブリダニに影響のある農薬など使うはずもない。

「先生に言われたとおり、やってます」

それが答えだった。

ここでもやはり、農薬以外で処理したものがないか聞いていくと、ひとつだけ去年と違うことをやっていた。それは育苗後半から毎月1回、「豊作物語」という植物活性剤を散布してきたとのこと。ビールの製造過程で出る酵母残渣を主成分とし、抗菌作用を引き出す働きがあるとされていた。昨年、萎黄病が多かったことから、この資材を使ってみたということである。

資材の性質上、カブリダニに影響があるとは思えないのだが、よくよく調べてみると、pH調整のために「硫酸」を使っていることがわかった。

Sにまつわる話はさらに続く。

２００８年4月から２０１０年3月までの間、埼玉県農林総合研究センター（現・埼玉県農業技術研究センター）で働く機会を得て、他のいちご産地でのカブリダニの状況を見ることができた。そこでは、カブリダニの定着が悪く、まったく機能していなかった。

現場を担当する普及指導員さんにお願いして、農薬の散布履歴を見せてもらった。自分がかつて担当していた地域のそれと見比べて、決定的な違いが見つかった。それは、育苗後半にかけてアントラコールやジマンダイセンといった「有機硫黄剤」が多く使われていたことだ。この地域では、炭疽病の予防として当たり前のことだった。

２０１０年1月、有機硫黄剤等、その当時、炭疽病に登録があった農薬（現在、バイコラールは登録失効）にいちご苗をどぶ付けし、ハダニとミヤコカブリダニを同時に放飼して、産卵や生息状況の違いを観察した（図15）。ちなみに図のひとますはいちご苗1株を示している。結果、やはり有機硫黄剤が処理されていると、産卵や生息状況が劣る傾向があった。どうやらカブリダニは、ミヤコにせよチリにせよ、硫黄成分や硫酸を嫌う傾向があるようだ。

そして私たちはＥＢＩ剤にも疑いの目を向けざるを得なかった。

「先生、今まで使った農薬は、全部作業場の壁に書いてあるから」

そう言ってくださった生産者がいる。どのパイプハウスにいつ何を散布したか、丁寧にチョークで書き記してあった。使っていたのは、ほとんどがうどんこ病を対象にしたＥＢＩ剤を中心とする農薬だった。それにしてはカブリダニが定着しない。増えたと思ったらまたいなくなる。試験場にかけあって、ＥＢＩ剤がミヤコカブリダニに及ぼす影響を調べてもらった（表5）。

なんのことはない、殺菌剤でもカブリダニは死ぬということ、しかもサブ

| 無処理 | ビテルタノール（バイコラール） | イミノクタジンアルベシル酸塩（ベルクート） | ジチアノン（デラン） | プロピネブ（アントラコール） | マンゼブ（ジマンダイセン） | マンゼブ（ジマンダイセン） | プロピネブ（アントラコール） | ジチアノン（デラン） | イミノクタジンアルベシル酸塩（ベルクート） | ビテルタノール（バイコラール） | 無処理 |
|---|---|---|---|---|---|---|---|---|---|---|---|
| 3 | 1 | 2 | 1 | | 1 | | | 1 | 3 | 6 | 3 |
| 1 | 1 | 1 | 10 | | | | | | 7 | 5 | 6 |
| | 6 | 4 | 1 | | 5 | | 1 | 7 | 3 | 7 | 4 |
| 3 | 2 | 4 | 8 | 1 | | 2 | | 3 | 1 | 1 | |
| 1 | 5 | 7 | 3 | | | 1 | | 5 | 1 | 3 | 3 |

□:イチゴ苗　数字:ミヤコカブリダニ頭数／株

| 無処理 | ビテルタノール（バイコラール） | イミノクタジンアルベシル酸塩（ベルクート） | ジチアノン（デラン） | プロピネブ（アントラコール） | マンゼブ（ジマンダイセン） | マンゼブ（ジマンダイセン） | プロピネブ（アントラコール） | ジチアノン（デラン） | イミノクタジンアルベシル酸塩（ベルクート） | ビテルタノール（バイコラール） | 無処理 |
|---|---|---|---|---|---|---|---|---|---|---|---|
| 1 | | 1 | | 1 | | | | | | | 3 |
| 5 | | | 4 | 1 | | | | 1 | | 2 | 6 |
| | 2 | 2 | 1 | | | | 1 | 1 | 5 | | 4 |
| | 3 | 3 | 2 | | | 3 | | 3 | | | |
| | 1 | | | | | | | | | 2 | 3 |

□:イチゴ苗　数字:ミヤコカブリダニ卵数／株

2010年1月12日ミヤコカブリダニ放飼:株当たり1頭・2010年2月26日調査

**図15　ミヤコカブリダニの有機硫黄剤等への反応**

※バイコラールは2013年登録失効

ロールに至っては、補正死虫率が45・2%にも達していた。トリフミン、サプロール、ルビゲン……この生産者がよく使う農薬だ。農薬に頼らないうどんこ病対策、それは安定的にカブリダニを働かせるために、取り組まなければならないテーマとなった。そして肥培管理との関係を見出した。その実証事例が64ページの「ストップ！　ザ・うどんこ病」である。

まさかとは思ったが展着剤にも目を向けてみた。ホームセンターで手に入る展着剤をすべて入手し調査した。ミヤコカブリダニが毛糸に産卵する特性を利用し、どの展着剤をしみ込ませた毛糸に産卵するか（しないか）を記録した。そしてミックスパワーとスカッシュをしみ込ませた毛糸には

### 表5　ミヤコカブリダニに対する農薬の影響

| | 薬剤名 | 商品名 | 倍率 | 補正死亡率(%) |
|---|---|---|---|---|
| EBI | ビテルタノール水和剤 | バイコラール※ | 5000 | 29.6 |
| | フェナリモル水和剤 | ルビゲン | 4000 | 36.1 |
| | トリフミゾール水和剤 | トリフミン | 3000 | 20.9 |
| | ミクロブタミル水和剤 | ラリー | 5000 | 11.9 |
| | ミクロブタミル乳剤 | ラリー | 5000 | 24.2 |
| | トリホリン乳剤 | サプロール | 2000 | 45.2 |
| | トリアジメホン水和剤 | バイレトン※ | 500 | 27.3 |
| | シメコナゾール水和剤 | サンリット | 2000 | 0 |
| | ジフェノコナゾール水和剤 | スコア | 2000 | 9.4 |
| ストロビルリン | クレソキシムメチルフロアブル | ストロビー | 3000 | 3.3 |
| | アゾキシストロビンフロアブル | アミスター20 | 1500 | 0 |
| アニリノピリミジン | メパニピラムフロアブル | フルピカ | 2000 | 5 |
| グアニジン | イミノクタジンアルベシル酸塩水和剤 | ベルクート | 4000 | 6.7 |
| キノキサリン | キノキサリン系水和剤 | モレスタン | 2000 | 5 |
| 有機銅 | DBEDC乳剤 | サンヨール | 500 | 0 |
| 微生物農薬 | バチルス　ズブチリス | ボトキラー | 1000 | 0 |
| 抗生物質 | ポリオキシン | ポリオキシンAL | 1000 | 10 |
| 殺ダニ剤 | ミルベメクチン乳剤 | コロマイト | 2000 | 37.4 |
| | ビフェナゼートフロアブル | マイトコーネ | 1000 | 21.5 |
| | シフルメトフェンフロアブル | ダニサラバ | 1000 | 7.4 |
| | アセキノシルフロアブル | カネマイト | 1000 | 0 |

（平成20年度新たな農林水産施策を推進する実用化技術開発事業報告書より）※2013年登録失効

産卵しないことを認めた。

ハスモンヨトウもカブリダニを利用するにあたって、重要な意味を持ってきた。育苗後半の丁度8月中旬頃から、苗にハスモンヨトウの卵塊や幼虫コロニーが見つかるようになる。秋にかけてアブラムシも出てくることから、多くの生産者は合成ピレスロイド剤を使用する。そのほ場では、定植後2〜3カ月たってカブリダニを放飼したにもかかわらず、全くカブリダニが働いてくれなかった。

そうような傾向は、ニームを使用したほ場でも認められた。

こうした失敗事例にはその後も出合ったし、またこれからも出てくるだろう。それはカブリダニをはじめとする天敵が、単なる農薬の代替えでない証しともいえる。そしてこの失敗事例の積み重ねこそが、天敵利用成功の秘訣でもある。作物栽培において天敵を利用すると決めたならば、天敵に影響が少ない環境をどのように用意して作物生産するかを考えなければならない。その環境は、こちらが謙虚になれば、天敵自身が教えてくれるものだ。

「豊作物語」でカブリダニの定着に失敗した生産者のもとに、久しぶりに女峰を買いに行ってみた。相変わらずおいしい！　そしてこう言われた。

「先生、おかげさまで、ハダニもアブラムシも、1回も農薬をかけずにできるようになりました。カブリダニとアブラバチのお陰です」

# 24　カブリダニと星の王子さま

「どうして、ここにいるかなぁ……！　こっちの方がたくさんハダニがいるのにぃ！　本当に言うことときかないんだから！」

カブリダニの現地調査で、何度も私たちが口にした言葉だ。

網を張るほどハダニが増えて、いちごの生育が抑えられているというのに、カブリダニはというと、ハダニの密度が少ない隣の株で、わんさか増えていたりする。いずれはこっちの株に移動してくるのだろうと期待して次回の調査に臨むのだが、依然として、カブリダニは動かない。

ほ場全体の推移を見れば、確かにものの見事にハダニの密度は低下しているのだが、細かい点に着目すると、「なんで?」というような株に出くわしてしまう。

「これじゃ、ハダニを飼ってるようなものだから、引っこ抜いちゃいましょう」

と、いちごの株を抜き取って驚いた。

根が真っ黒だ。

新しい根は、全く発生していない。これでは新葉が展開しようもない。事務所に持ち帰って、根を洗い、細かく切り刻んで、センチュウ分離器にかけてみる。一晩経ってまたびっくり。センチュウの踊り食い状態だった。クラウンを輪切りにしてみると、道管褐変も認められた。インキュベータで一晩。白いかびが吹き出していた。光学顕微鏡で観察すると、そこにはフザリウムの大型分生胞子が認められた。

これはもしかして……。

調査のたびに、同じような株を見つけては、根こそぎ引き抜いて、センチュウとフザリウムの有無を調べた。ハダニ先行でカブリダニが定着せずに、いちごの生育が抑制されていた株は、どれも根が真っ黒、センチュウとフザリウムがセットで見つかるということがわかってきた。

そう、もしかしたらカブリダニは、元気ないちごとダメないちごの違いをわかっていたのかも知れない。そして、もうダメないちごはハダニのエサにしてもらえばいいのだと、あえてハダニを捕食しに行こうとはしなかった……。

以前、ハスモンヨトウを手作りトラップで大量誘殺する仕事をしていた時、有機農業を実践する生産者と意気投合して、長い時間、話をしたことがあった。その時、こんな話を生産者がしていたのを思い出した。

「テレビでやってたんだけど、サバンナのシマウマは、群れの中のこいつを食べてもいいよって、ライオンに合図をするらしいんだ。体が弱かったり、怪我をしていたり、もう助かる見込みがない個体を教えるらしい。ライオンもそういう奴を狙って狩りをするんだって。自然界ってのは、たいしたもんだねぇ」

また別の地域で、露地なすの有機栽培の試験をしたことがあった。自家製のぼかし肥料のほか、窒素成分の極めて少ないバイオガス液肥で栽培していたため、樹勢が弱く、8月には芯が止まってしまうような状態だった。基肥の施肥量を変えたり、施肥位置を表層と深層の2段階にしたり、いくつかの区を設けて栽培をスタートさせた。

不思議なことが起きた。最も早くアブラムシの餌食になったのは無肥料の区だった。やがて、この区はアブラムシだらけになってなすの生育は止まってしまった。

一方、2段階施肥の区は元気いっぱいに生育し、害虫が来れば天敵が働くといった好循環が認められた。

さらに面白い現象を、私は家のベランダで目撃した。いたずらでひとつのプランターに4株ほどいちごの苗を植えておいた。春が来て勢いよく新葉が展開してきた。今年は結構ランナーが出て苗がとれそうだと思っていたら、右から2番目の株にのみ、アブラムシがどっさりと付いた。ああ、春だなぁと、初めは暢気に構えていたが、何故だかアブラムシはその株だけで繁殖し、隣の株には移っていかない。そのうち、そのいちごは萎れてしまった。

「ええっ……？　アブラムシでいちごが萎れる？　そんなの聞いたことがない」

何事かと思い、そっとその株を抜いてみた。すると、根にコガネムシの幼虫が食らいついていた。

この原稿を書いているこの時にも、我が家のベランダでは面白いことが起きていた。数年前に挿し木をしたバラが3本、うまく根付いたので鉢上げをして養生していた。少し葉色が淡かったので、手元にあった菜種油粕のペレットを施したりしていた。3本のうち2本は順調に大きくなり花を咲かせた、ところが1本だけ、大きくならない。よく見ると、この鉢にだけ、チュウレンジハバチが寄生して、葉をバリバリと食べていた。それにしてもなんでこいつだけ……と思い、株元を摘まんでゆすってみると、他の鉢と違って、ぐらぐらするのがわかる。明らかに根が張っていないのだ。抜いてみるとほとんどの根が褐変していた。

植物や虫たちに聞いたわけではないからわからないが、どうも植物は根がダメになって生育が悪くなると害虫の餌食になるようだ。

よく篤農家が「健全な作物には病害虫はつかない」と言うが、確かにそうなのかも知れない。人間の経済行為として作物を見れば、病気も害虫も防除すべき対象となるに違いない。しかし自然界の命の循環という視点で見れば、病気も害虫も、弱った植物を土に返す働きをしているに過ぎない。それをわざわざ邪魔するような天敵はいないだろう。もしそうだとするならば、篤農家の言葉どおり、「健全な作物」を作ることが大事なのだ。その根本は、健全な根を育てることだ。

思い返せば「いちごぉ収穫してて、この腕さ這い上がってくるからねぇ……」という生産者の言葉、私たちは完全にはき違えて捉えていたように思う。歳を取ってモニタリングができなくなってしまった現実、そういう捉え方に誰もが納得をしてしまった。しかし、もう一度よくこの言葉をかみしめてみると、実に大事な意味を含んでいたことがわかる。

そう、ハダニが腕を這い上がってくるほど発生していても、この生産者は収穫できていたのだ。とすれば、いちごは私たちが考えている以上に、ハダニに対して、許容範囲が広いと言える。そして、ハダニで生育が抑制されてしまったと思っていたのは、実はその前に、もうすでに根が冒されていて、生産力を失っていた個体だったということ。

それをハダニのせいにして、やれ、よく効く薬は何かとか、カブリダニはこう使うと良いとか、話していた。そんな私たちを、いちごもハダニもカブリダニも、クスクスと笑いながら見ていたことだろう。

「たいせつなことはね、目に見えないんだよ……」（『星の王子さま』サン・テグジュペリ著　内藤濯訳　岩波少年文庫）

どこからともなく、「星の王子さま」の声が、聞こえてきた！

## 25 こまつなの気持ちがわかる女性に

春。人心一新、夢と希望が膨らむ季節だ。２０１8年4月2日、私は5年ぶりにかつてお世話になった事務所に戻ってきた。とはいえ担当する地域は以前と異なり、全くの新任地。異動のたびに思うことだが、新規採用職員になった気分だった。

そしてこの日、本当の新規採用職員が２人配属された。その内の1人が私と同じグループになった。大学を卒業したばかりの初々しいその女性は、就職先を間違えたのではないかと思うくらい、スラッと背が高く、目がクリクリッとして、全身からキラキラとしたオーラが出ていた。モデルさんになった方が良かったのにと、誰もが思った。

このキラキラモード全開の、正真正銘、新規採用の彼女と、気分だけ新規採用の私とで取り組むことになったのが、こまつなの土壌の問題だ。

新しい担当地域は、ちょっと道を間違えると東京だった。農地といっても生産緑地の指定を受けたものばかり。そこにハウスを建てて、こまつなの周年栽培を行っている。その栽培面積たるや、延べ64 ha。生産者の顔ぶれも比較的若かった。

初め、私はあまり気が乗らなかった。こまつなになんの技術が必要なのか？　失敗したら播き直せばよい。相場が安ければさっさと潰して、また播けばよい。ひとたび植えたら、終わるまで、相場が安くても、調子が悪くなっても、途中で引き返すことができなかった、きゅうりやとまと、いちごを思うと、果たして我々の出る幕か……と思うばかりだった。

ただ、それでも心配ごとや知っておきたいことはあった。それはこまつなの事というより、この都市部の中で、生産可能な土をどうやって維持しているのかということだった。

農村地帯でさえ、堆肥が臭いだの、ハエが飛んで来るだのという苦情が頻繁にあった。土壌燻蒸剤のにおいがもれでもしたら、大変な騒ぎだった。ましてや目と鼻の先が東京という都市部で、土をベースに生産活動をしている。そうした問題がないとしたら、逆に土は不毛になっているか、ものすごくコストをかけて土づくりをしているかのいずれかだろう。

「新規採用」の私たちは土壌診断から仕事を始めた。

ハウスに入って最初に驚いたのは、塩を吹いていたこと。さらに驚いたのは、それでもこまつなが育っていたこと。

土壌診断をしてみて、みたび驚いた。このとき調査した土壌は70点。その7割以上の土壌で、塩基飽和度が１００％を超え、アルカリ化が進行していた。完璧な塩類集積土壌だったのだ。

聞けばどの生産者も口をそろえて言う、「ビニールの張り替えは10年、う〜ん、12年おきかな」と。その間、湛水除塩をするわけでもなく（もっともそんなことをして、この養分が地下水に流れこんだら、東京湾が赤潮で真っ赤に染まっていたかもしれない……）、クリーニングクロップを作付けするわけでもなかった。土づくりは、市販の高価な袋詰め堆肥や自ら良かれと思う有機質資材を施用。それでもこまつなは育ってくれる。生育が悪ければ、肥料が足りないんだとばかりに、次作でさらに基肥を増やす。それがこの地域のこまつな栽培の実態だった。

しかし、驚いたのはこれだけではない。土壌診断結果を見て、首をかしげる値をいくつも見つけた。それはＥＣが高いのに、硝酸態窒素のレベルが低いということ。通常、私たちはＥＣが高ければ、基肥窒素を控えるよう指導してきたが、それが通用しない土壌が現れたのだ。特に比重が軽いわけでもない。おそらく他の塩類が多く含まれていたため、このようなことが起きたのだろう。そんな土壌の生産者は、ＥＣが高いから窒素を減らしてきたのに……と、言葉を詰まらせた。

この世界に入って33年、様々な現場を経験してきたが、こんな土壌があったとは……いったい私たちは何をしてきたのだろう……そんな反省しきりの私とは裏腹に、新規採用のキラキラ職員の彼女は、こんな環境でも育とうとしているこまつなに、何かを感じたのか、研修レポートにこう綴っていた。

「こまつなの気持ちがわかる女性になりたい！」

そこでもう一度、土壌診断をやり直した。今度は表層0〜5㎝、5〜25㎝、25〜60㎝の3層から土壌を採取し、こまつなの根圏の化学性と生育の関係や、深耕の効果が得られるかどうかを調査した。さらに、ＥＣが高くて硝酸態窒素が低かったハウスを4ほ場選定し、1年間、10日おきに土壌の硝酸濃度（生土：水＝1：5の容積比）を簡易測定した。

おもしろいことがわかってきた。

こまつなは石灰が多かろうが、苦土が多かろうが、カリが多かろうが、はたまたリン酸が多かろうが、もっと言えば硫酸イオンが多かろうが、生育に影響があるようなそぶりは全く見せなかった。またpHが4・0台の酸性土壌だろうが、7・5を超えるアルカリ性土壌だろうが平気な顔をしていた。恐るべし、こまつな。

しかしそんなこまつなの葉色が濃くなり、生育不良となっている場所では、必ずといってよいほど硝酸濃度が250 ppmを超えていた。さらに発芽不良を起こしている場所では硝酸濃度が500 ppmを超えていた（写真30）。そして例外もあった。それは硝酸濃度が低くても、塩化物イオン濃度（生土：水＝1：5の容積比）が500 ppmを超えるような土壌で

写真30　硝酸濃度が500 ppm以上で発芽不良となったほ場

写真31　硝酸濃度25 ppmでの生育

は、明らかな生育不良が認められたのだ。

さらに発芽揃いの良いほ場の共通点は、土壌の硝酸濃度が100 ppm以下、硝酸態窒素でいうと11 kg／10 a以下のほ場だった（写真31）。また身近な土づくり資材で塩化物イオンの含量が高い資材もみつけることができた。

土壌の深い層にまで塩類はたっぷりたまっていた。どうやら深耕の効果は得られそうにない。いつしかこの地域は、こまつなの産地というより、こまつなしかできない産地になっていたようだ。

それでも試験紙片手にハウスに入り、土壌の硝酸濃度を測定してはアドバイスする彼女を信じて、4作にわたって、無施肥でこまつなを栽培し、生育を均一化することに成功した生産者も現れた。

キラキラモードの新規採用職員だった彼女も、いつしか作業着の似合うプロフェッショナルに変わりつつあった。そんな彼女のスマホに、今日も生産者から連絡が入った。

「出動だ！」

# あとがき

大好きな言葉がある。

見た眼に効果のあらわれることより、徒労とみられることを重ねてゆくところに、人間の希望が実るのではないか。おれは徒労とみえることに自分を賭ける、と去定は云った。

——温床でならどんな芽も育つ、氷の中ででも、芽を育てる情熱があってこそ、しんじつ生きがいがあるのではないか。（『赤ひげ診療譚』山本周五郎著　新潮文庫）

三十数年、徒労の繰り返しだったように思う。

這いつくばって、泥だらけになって、フィールドを駆け巡り、データをとっては要因を突き止め、改善方策を具体化し、また現場に帰っていく。それが私の仕事のやり方だった。

時代は変わっていく。

新しい時代に即した仕事のやり方があっていいと思う。

しかし変わらないものがある。

作物のもつ可能性と、それを育む生産者の眩いばかりの心だ。

だから、汗を流したくなる。お金には代えられない。否、金を払ってでも我がものにしたい世界がそこにはある。それが、私の仕事の原動力でもあった。

組織の中には矛盾もある、ストレスも溜まる。しかしそれを乗り越える力は何かといったら、そこに作物があり生産者がいるという現実だ。

たくさんの生産者と出会い、たくさんの関係機関の人たちと出会い、たくさんの作物と出合い、たくさんの生き物たちと出合ってきた。

ひとつひとつの出会いに感謝したいと思う。

どれひとつとっても、関わることがなかったならば、今の私がないからだ。

願わくは、30年後、私が関わった仕事のたったひとつでいいから、なんらかの形となって、役に立っていてほしいと思う。

しかし、それはわがままだ。

素晴らしき徒労の三十数年に感謝しつつ、一普及指導員の活動記録を閉じたいと思う。

2021年3月31日

畠山　修一（はたけやま　しゅういち）

1962年埼玉県生まれ。1985年高知大学農学部を卒業し埼玉県農林部に奉職。県農林総合研究センター（2008～2009年度）、県病害虫防除所（2018年度）勤務を除く33年間は現場一筋、川越、加須、本庄、東松山、春日部の各管内で農業改良普及事業に従事。2007～2017年JICAの研修で来日したラテンアメリカの研修生に対する有機農業や環境保全型農業の研修を支援。2014～2019年中国河南省開封市にて毎年稲作技術を指導。2021年3月埼玉県を退職。フリーランスとなり、今なお現場を奔走中。

**農の書置き**

～一普及指導員の活動記録～

2021年7月27日　初版第1刷発行

著　　者　畠山修一
発 行 者　中田典昭
発 行 所　東京図書出版
発行発売　株式会社 リフレ出版
〒113-0021　東京都文京区本駒込 3-10-4
電話 (03)3823-9171　FAX 0120-41-8080
印　　刷　株式会社 ブレイン


ISBN978-4-86641-431-7 C0061
Printed in Japan 2021